U0905301

转基因抗虫棉安全评价检测

张秀杰　任相亮　主编

中国农业科学技术出版社

图书在版编目（CIP）数据

转基因抗虫棉安全评价检测／张秀杰，任相亮主编．—北京：中国农业科学技术出版社，2019.10

ISBN 978-7-5116-4460-2

Ⅰ.①转… Ⅱ.①张…②任… Ⅲ.①棉花-抗虫性-安全评价 Ⅳ.①S435.622

中国版本图书馆 CIP 数据核字（2019）第 233668 号

责任编辑 李 雪 徐定娜
责任校对 贾海霞

出 版 者 中国农业科学技术出版社
北京市中关村南大街 12 号 邮编：100081
电 话 (010)82105169(编辑室) (010)82109702(发行部)
(010)82109709(读者服务部)
传 真 (010)82106650
网 址 http://www.castp.cn
经 销 者 各地新华书店
印 刷 者 北京建宏印刷有限公司
开 本 710mm×1 000mm 1/16
印 张 7.75
字 数 153 千字
版 次 2019 年 10 月第 1 版 2019 年 10 月第 1 次印刷
定 价 48.00 元

《转基因抗虫棉安全评价检测》编写人员

主　　编：张秀杰　任相亮

副 主 编：梁晋刚　崔金杰

参编人员：（按姓氏笔画排序）

万　鹏　马亚杰　马　艳　王　丹　王　东
王　丽　王春义　王颢潜　兰青阔　朱香镇
任相亮　刘鹏程　许　冬　李　凡　李东阳
李夏莹　吴　刚　宋　君　宋贤鹏　张　帅
张开心　张旭冬　张利娟　张秀杰　陈子言
胡红岩　修伟明　姜伟丽　姬继超　崔金杰
章秋艳　梁晋刚　曾新华　谢家建　雒珺瑜

内容简介

本书系统梳理了我国转基因抗虫棉安全评价检测的经验，主要包括全球转基因棉花研究和产业化进展、国内外转基因抗虫棉安全管理现状、我国转基因抗虫棉安全评价检测成效、我国转基因抗虫棉长期种植的生态效应四部分。本书以我国转基因抗虫棉安全评价检测为中心，系统总结了转基因抗虫棉安全评价检测工作的主要经验与启示，对于进一步提高转基因抗虫棉安全评价检测水平，并为其他转基因作物未来商业化后的安全评价检测提供借鉴具有重要的意义。

本书可供转基因生物风险评估、安全管理和转基因生物安全评价检测等相关领域的管理和科研人员参考。

前 言

1994 年，美国批准转基因耐储存番茄上市。1996 年，美国最早开始商业化生产和销售转基因作物，大批转基因作物如抗环斑病毒转基因番木瓜，优质转基因油菜，抗虫转 *Bt* 基因玉米、棉花、马铃薯，抗溴苯腈转基因棉花，耐草甘膦转基因大豆等相继研发成功并批准进行商业化种植。

在转基因作物商业化经过的 20 多年，全球转基因作物累计种植面积达 23 亿公顷。2017 年共 24 个国家种植了 1.9 亿公顷转基因作物，67 个国家/地区应用了转基因作物，种植品种主要以大豆、玉米、棉花、油菜四大作物为主，其中转基因大豆的种植面积达到 9 410 万公顷，其次是转基因玉米的种植面积为 5 970 万公顷，转基因棉花和转基因油菜的种植面积分别为 2 421 万公顷和 1 020 万公顷，四大转基因农作物种植面积在全部转基因农作物种植面积中的占比达到了 98.21%。

2017 年全球共有 14 个国家种植转基因棉花，其中 4 个国家的种植面积超过 100 万公顷。全球棉花种植面积达到 3 020 万公顷，其中转基因抗虫棉 1 800 万公顷，耐除草剂棉花 82.8 万公顷，抗虫耐除草剂复合性状棉花 520 万公顷。

在我国实现大规模商业化生产的只有转基因抗虫棉和抗病毒番木瓜。我国于 1997 年批准转基因抗虫棉商业化种植，2017 年，约有 700 万农民种植转基因棉花，其种植面积为 278 万公顷，占棉花总种植面积的 95%。近年来，转基因抗虫棉的产业化有了长足的发展，品种类型日渐丰富，取得了良好的经济、社会和生态效益。

随着新型转基因抗虫棉培育和产业化全面推进，2007—2018 年，黄河流域和长江流域主要产棉大省获得安全证书并通过审定的转基因抗虫棉品种（系）分别为 401 个和 217 个，转基因抗虫棉的快速发展和安全应用得益于我国对转基因抗虫棉的有效安全评价检测和科学管理。

我国长期以来一直非常重视转基因生物安全管理，按照全球公认的评价准则，借鉴欧美普遍做法，结合我国国情，建立了涵盖1个国务院条例、5个部门规章的法律法规体系。对农业转基因生物实行分级分阶段安全评价制度，安全评价按照实验研究、中间试验、环境释放、生产性试验和申请安全证书五个阶段进行。我国农业转基因生物安全管理法律框架已基本形成，农业转基因生物安全管理进入法制化、规范化的管理轨道。

"十三五"期间，我国以经济作物和原料作物为主的产业化战略，加强棉花、玉米品种研发力度，推进新型转基因抗虫棉、抗虫玉米等重大产品的产业化进程。抗虫棉已商业化种植20多年，系统梳理我国转基因抗虫棉安全评价检测的经验，对于进一步提高转基因抗虫棉检测和评价水平，并为其他转基因作物未来商业化种植后的安全评价检测和管理提供借鉴具有重要的指导意义。

由于作者水平有限，书中不足及疏漏之处在所难免，敬请广大读者批评指正。

编　者

2019年4月

目　录

第一章　全球转基因棉花研究和产业化进展

近年来，各国政府和跨国公司均把转基因动植物产业化作为提高未来国家竞争力的重要战略选择。随着水稻等重要动植物全基因组测序的完成，高通量基因克隆技术不断完善，重要性状基因发掘速度加快，高效、安全、规模化转基因技术日臻成熟，加速了转基因技术集成创新和转基因新品种培育及产业化步伐。国内外转基因棉花的研发主要集中于抗虫、耐除草剂、抗病、耐盐碱、抗旱和纤维改良等性状研究，但只有转基因抗虫性状得到广泛应用。因此，急需研究转基因棉花近年来的总体研发状况及研究进展，分析转基因棉花的商业化发展态势，总结转基因棉花的安全性问题及今后主要的发展方向，从而指导棉花产业的健康发展。

第一节　全球转基因作物产业化发展

自 1996 年转基因作物开始商业化种植以来，全球转基因技术研究与产业应用快速发展。发达国家纷纷把发展转基因技术作为抢占未来科技制高点和增强农业国际竞争力的战略重点，发展中国家也积极跟进。近年来，国内外转基因研发和产业化不断呈现出新的变化和格局。全球转基因作物的研究和产业化继续呈现稳定快速发展的态势，并显示出巨大的经济、社会和生态环境效益。转基因作物是现代农业发展的重要手段，在研究和保障生物安全的同时，加快转基因农作物的研发和产业化已引起各国的高度关注，并成为国际农业生物技术领域竞争的焦点之一。

一、国外转基因作物产业化发展趋势

以转基因技术为核心的农业生物技术产业已成为全球新的经济增长点。根据国际农业生物技术应用服务组织（ISAAA）2017 年的简报，21 年来全球商业化种植转基因作物面积累计达到 21.5 亿公顷，其中转基因棉花累计种植面积 0.34 亿公顷，大豆 0.4 亿公顷，玉米 6.64 亿公顷，油菜 1.3 亿公顷。21.5 亿公顷转基因作物为世界上 76 亿人口提供了充足的食品、饲料、纤维和染料等。因此，推测到 2050 年可为地球上 98 亿人口提供资源；但 2100 年地球人口将达到 112 亿，为 112 亿人口提供充足的资源是一项艰巨的任务。过去 21 年转基因作物产量说明，仅仅依靠传统的生物技术并不能够满足人口的快速增长，同时生物技术也不是万能的。全球科学家们一致认为应坚持均衡、安全和可持续的原则，通过采用最先进的生物技术手段（转基因和非转基因技术），如首选适应性强、农艺性状和产量高的种质资源，从而实现农作物的可持续和集约化生产。

（一）全球转基因作物种植概况

2017 年，24 个国家的 1 700 万农民种植转基因作物的面积达到 1.898 亿公顷，比 2016 年增加了 3%（470 万公顷）。其中，发展中国家 19 个，发达国家 5 个（图 1-1）。自 2012 年以来，发展中国家转基因作物种植面积明显优于发达国家，截至 2017 年年底，发展中国家和发达国家转基因作物种植面积相差 1 140 万公顷。发展中国家转基因作物的种植面积占全球转基因作物种植总面积的 53%，发达国家占到 47%（图 1-1）。与 2016 年相比，2017 年发达国家种植面积增加了 4.3%，而发展中国家则增长了 1.0%。2016—2017 年发达国家转基因作物种植面积增加 370 万公顷，主要增长国家为美国增长 3%，加拿大增长 13%，澳大利亚、西班牙和葡萄牙均有小幅增长（表 1-1）。发展中国家中印度增长 6%，巴西和巴基斯坦增长 3%，玻利维亚、越南、智利和孟加拉国增长率达到了 242%。因此，转基因作物在发展中国家的发展趋势在近期和中长期的发展中将会继续呈现上升的趋势，其中转基因水稻、马铃薯在发展中国家作为新的转基因作物种植。

在过去 21 年间，转基因作物种植面积累计增长约 110 倍，这也促使转基因技术呈现快速发展的趋势。除大豆、玉米、棉花和油菜等重要农作物转基因品种大规模种植，其他种植的还包括水稻、马铃薯、苜蓿、甜菜、番木瓜、

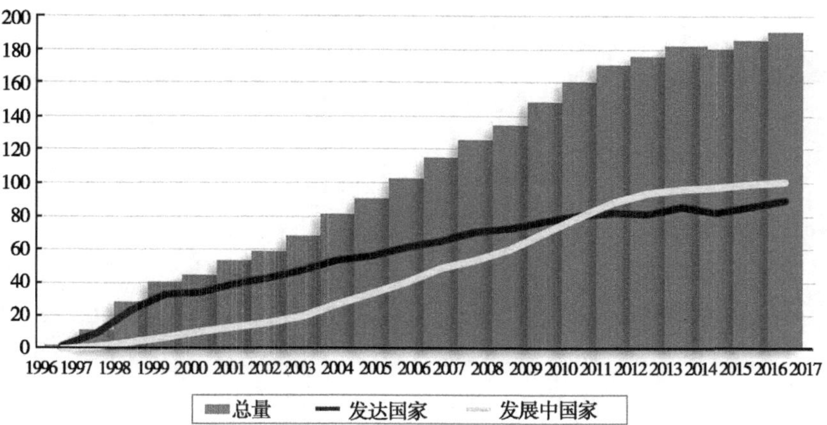

图 1-1　1996—2017 年全球转基因作物种植区域：发达国家和发展中国家（百万公顷）

资料来源：ISAAA Brief 53—2017

表 1-1　2016 年和 2017 年全球转基因作物面积

（按照国家进行标识，单位：百万公顷）

序号	国家	2016	%	2017	%	+/-	%
1	美国*	72.9	39	75.0	40	2.1	3
2	巴西*	49.1	27	50.2	26	1.1	2
3	阿根廷*	23.8	13	23.6	12	-0.2	-1
4	加拿大*	11.1	6	13.1	7	1.5	18
5	印度*	10.8	6	11.4	6	0.6	6
6	巴拉圭*	3.6	2	3.0	2	-0.6	-18
7	巴基斯坦*	2.9	2	3.0	2	0.1	3
8	中国*	2.8	2	2.8	1	0.0	0
9	南非*	2.7	1	2.7	1	0.0	0
10	玻利维亚*	1.2	1	1.3	1	0.1	7
11	乌拉圭*	1.3	1	1.1	1	-0.2	-12
12	澳大利亚*	0.9	<1	0.9	<1	0.1	0
13	菲律宾*	0.8	<1	0.6	<1	-0.2	-21

（续表）

序号	国家	2016	%	2017	%	+/−	%
14	缅甸*	0.3	<1	0.3	<1	0.0	0
15	苏丹*	0.1	<1	0.2	<1	0.1	59
16	西班牙*	0.1	<1	0.1	<1	0.0	0
17	墨西哥*	0.1	<1	0.1	<1	0.1	9
18	哥伦比亚*	0.1	<1	0.1	<1	<0.1	7
19	越南	<0.1	<1	<0.1	<1	<0.1	29
20	洪都拉斯	<0.1	<1	<0.1	<1	<0.1	3
21	智利	<0.1	<1	<0.1	<1	<0.1	23
22	葡萄牙	<0.1	<1	<0.1	<1	<0.1	0
23	孟加拉国	<0.1	<1	<0.1	<1	<0.1	242
24	哥斯达黎加	<0.1	<1	<0.1	<1	<0.1	0
25	斯洛伐克	<0.1	<1	—	—	—	—
26	捷克	<0.1	<1	—	—	—	—
	总和	185.1	100	189.8	100	5.4	+3

*转基因作物种植大国，种植面积达到5万公顷或者更多

来源：ISAAA Brief 53—2017

西葫芦、杨树、番茄、甜椒、茄子、甘蔗等。2017年，日本批准商业化种植转基因蓝玫瑰，玫瑰被种植在管理区域内，而不是像其他国家用于食品、饲料和纤维的转基因作物种植在“开放区域”内。2017年，澳大利亚和哥伦比亚也批准种植转基因康乃馨。在非洲、苏丹和南非共种植了290万公顷的转基因作物，南非种植了270万公顷转基因大豆、玉米和棉花，苏丹种植19.2万公顷的转基因棉花。在13个非洲国家中，共种植12种转基因作物，共有14种性状处于种植、实验和研究阶段。两个欧盟国家，西班牙和葡萄牙在2017年继续种植转基因作物，面积达到13.2万公顷，比2016年的13.6万公顷下降大约4%。

2017年，转基因作物种植面积超过100万公顷的国家有10个，其中美国为7 500万公顷，占全球总面积的40%，巴西5 020万公顷（26%），阿根廷2 360万公顷（12%），加拿大1 310万公顷（7%），印度1 140万公顷（1%），巴拉圭300万公顷（2%），巴基斯坦300万公顷（2%），中国280万公顷（1%），南非270万公顷（1%），玻利维亚130万公顷（1%），其他14

个国家增长约 370 万公顷（表 1-1）。在 2017 年种植转基因作物的 24 个国家中，美洲国家 12 个（50%），亚洲国家 8 个（33.4%），欧洲和非洲国家各 2 个（8.3%）。就转基因作物的种植面积而言，2017 年种植转基因作物的 24 个国家中，美洲种植面积占总种植面积的 88%，亚洲 10%，非洲 1.5%，欧洲 0.5%（表 1-1）。

1996—2017 年，耐除草剂性状的转基因作物一直处于主导地位，但是随着复合性状转基因作物的快速发展，耐除草剂作物呈逐渐下降的趋势。2017 年，具有抗虫（IR）和耐除草剂（HT）复合性状的大豆、玉米和棉花数量达到最高，以每年 3%的速度递增，占全球总面积的 41%。2017 年转复合性状（抗虫耐除草剂）作物所占比例分别为：棉花 22%、大豆 4%和玉米 1%。为了节约成本，具有复合性状的转基因作物更受农民的欢迎，特别是 Intacta™大豆和 BolgarIII/RR®flex 棉花。大豆、玉米和棉花等多种 IR/HT 产品被批准用于食品/饲料和商业化，因此，随着市场的成熟和多种复合性状转基因作物的种植，复合性状转基因作物产量将会逐年增加。例如，来自澳大利亚的 BolgardIII/RRFlex®棉花品种、Innate™第二代土豆等。在美国和巴西，种植了 7 770 万公顷不同 *Bt* 基因和耐除草剂复合性状的转基因作物，大概占转基因作物的 41%。2017 年共 14 个国家种植复合性状的转基因作物，美国（3 210 万公顷）、巴西（3 240 万公顷）、阿根廷（760 万公顷）、加拿大（150 万公顷）、南非（130 万公顷）、巴拉圭（120 万公顷），其他种植面积相对较少的国家为菲律宾、澳大利亚、乌拉圭、墨西哥、哥伦比亚、越南、洪都拉斯、智利和哥斯达黎加。

1. 美　国

2017 年美国种植的转基因作物中，其中转基因作物种植面积最大的 3 种作物分别是：转基因大豆 3 405 万公顷、转基因玉米 3 384 万公顷，转基因棉花 458 万公顷，3 种作物的平均应用率达到 94.5%，相比 2016 年的 93%高出 1.5%。仅 2017 年，美国批准了转基因耐旱大豆的食用，耐草甘膦油菜的食用和饲用。在转基因作物种植的 21 年（1996—2016 年）中，美国获得了最高的经济效益，即 803 亿美元。其中，仅 2016 年就有超过 42 万农民种植转基因作物，经济效益达 73 亿美元（Brookes and Barfoot，2018）。美国的转基因产品出口到全球，有效保障了全球食品的稳定性。截至 2017 年 12 月，美国已经批准了 43 个转基因玉米的单一转化事件分别用于食品、饲料和栽培，这些转基因玉米除了具有改善营养物质含量和种质等相关性状外，还具有抗虫、耐除草剂和耐旱性的复合性状。自 1996 年以来，美国共批准转基因大豆 37 个单一转化事件，用于食品、饲料和种植；2017 年，又批准了耐旱大豆事件。此外，美国共批准了 59 项用于控制棉田杂草的转基因棉花单一事件。由于美国作物种植区极少发生干旱和风暴等极端天气，以及大豆、棉花和油菜等的价格较高，有效刺激了美国转基因作物种植面积持续扩大。

2. 巴　西

巴西作为全球第二大转基因作物种植国家，占全球转基因作物种植总面积的 26%。种植的转基因作物主要包括大豆、玉米（夏季和冬季）和棉花。2017 年上述 3 种主要作物的种植总面积为 5 340 万公顷，比 2016 年的 5 260 万公顷增加了 1%，应用率达到 94%，比 2016 年增加 1%（图 1–2）。2013—2017 年，巴西共批准了 68 项转基因事件，用于食品、饲料、加工和种植，其中豆类 1 项、棉花 15 项、桉树 1 项、玉米 39 项、大豆 11 项和甘蔗 1 项。根据 Brookes 和 Barfoot（2018）的报告，2003—2016 年巴西转基因作物的经济效益估值为 198 亿美元，仅 2016 年就达到 38 亿美元。转基因作物使该国 30 万农民受益，其经济状况得到改善。伴随着国内和全球对食品蛋白质、动物饲料和生物燃料生产需求的增加，转基因玉米、大豆和棉花种植面积也将随之增加。

3. 阿根廷

阿根廷是转基因大豆、棉花和玉米的主要出口国之一，2017 年种植面积为 2 360 万公顷，与 2016 年的 2 382 万公顷相比稍有减少。阿根廷是 1996 年最早一批种植转基因作物的国家之一。截至目前，已经有关于 3 种作物共计 62 项转基因事件被批准用于食品、饲料和加工，其中棉花 7 项、玉米 42 项和大豆 13 项。2017 年，耐草甘膦大豆 SYHTOH2 转基因事件被批准用于食品、饲料和种植，累计有 13 万农民受益。Brookes 和 Barfoot（2018）估计 21 年间，种植转基因作物共为阿根廷创造经济效益约为 237 亿美元，仅 2016 年的经济效益估值就达到 21 亿美元。2017 年 3 种主要转基因作物的平均应用率接近 100%。

（二）全球转基因棉花产业现状

全球转基因棉花的产量从 2015 年的 220 万吨上升到 2016 年的 230 万吨。随着 2016 年新的转基因棉花品种进入市场，种植面积虽然有所减少，但棉花产量明显提高。2017 年全球棉花价格上涨，价格的激励作用使棉花种植面积提高了 8%（表 1–2）。1996—2016 年，转基因棉花的种植共创造经济利润达到 599 亿美元，仅 2016 年经济利润就达到 38 亿美元。根据 2016 世界粮农组织统计数据库数据（FAOSTAT）（2018），2017 年全球棉花种植面积达到 3 020 万公顷。2017 年全球转基因棉花种植面积为 2 410 万公顷，包括抗虫棉 1 800 万公顷，耐除草剂棉花 82. 8 万公顷，抗虫耐除草剂复合性状棉花 520 万公顷。2017 年转基因棉花种植面积的增加主要有两个方面的原因：一个是全球市场价格的提高，另一个是抗虫耐除草剂复合性状转基因棉花种植比率的增加。

表 1–2　2016 年和 2017 年全球转基因作物面积（百万公顷）

作物	2016	%	2017	%	+/–	%
大豆	91. 4	50	94. 1	50	+2. 7	3
玉米	60. 6	33	59. 7	31	–0. 9	–1
棉花	22. 3	12	24. 1	13	+1. 8	8
油菜	8. 6	5	10. 2	5	+1. 6	19
苜蓿	1. 2	<1	1. 2	<1	+<1	<1
甜菜	0. 5	<1	0. 5	<1	–<1	<1
番木瓜	<1	<1	<1	<1	–<1	<1
其他*	<1	<1	<1	<1	+<1	<1
总和	185. 1	100	189. 8	100	4. 7	+3

*其他作物包含转基因南瓜、土豆、茄子和苹果

资料来源：ISAAA Brief 53—2017

2017 年共有 14 个国家种植转基因棉花，其中 4 个国家的种植面积超过 100 万公顷，依次是印度、美国、巴基斯坦和中国。其余 10 个国家分别是巴西、澳大利亚、缅甸、阿根廷、墨西哥、南非、巴拉圭、哥伦比亚、苏丹、哥斯达黎加。与上年同期相比，转基因棉花种植面积增幅最高的国家依次是南非（31. 5%）、美国（24%）和巴西（19%）。

1. 印　度

印度作为种植转基因棉花面积最多的国家，2017 年转基因抗虫棉的种植面积达到 1 140 万公顷，比 2016 年（1 080 万公顷）增加 60 万公顷，占棉花种植总面积（1 224 万公顷）的 93%（图 1–2）。2017 年转基因棉花种植面积的大幅增加主要是由于有利的市场价格和 Kharif 地区适宜的天气条件。Brookes 和 Barfoot（2018）估计 2002—2016 年，转基因抗虫棉花给印度农场带来了高达 211 亿美元的收入，其中仅 2016 年农场收入就达到 15 亿美元。2017—2018 年，约有 750 万棉农种植抗虫棉面积达 1 140 万公顷，比 2016 年

增加 6%。2012—2018 年，抗虫棉的种植面积占棉花总种植面积的 90% 以上（图 1-2）。在产量方面，2014—2015 年达到最高为 3 900 万包，随后下降至 3 380 万包，到 2017 年出现反弹，棉花产量估计为 3 770 万包，高于 2016—2017 年的 3 450 万包（CAB，2017）（图 1-3）。因此，印度在棉花生产方面取得了巨大进步，占有 1/4 的市场份额。在棉花杂交种中转入抗虫基因能够明显地降低棉铃虫造成的损失，每公顷皮棉产量提高至 500 千克。然而，棉花产量要达到全球的平均水平，即每公顷皮棉产量 700 多千克，急需要引进大量新一代转基因特征性状的棉花品种，包括复合特征性状、优异农艺性状和高产的棉花品种。

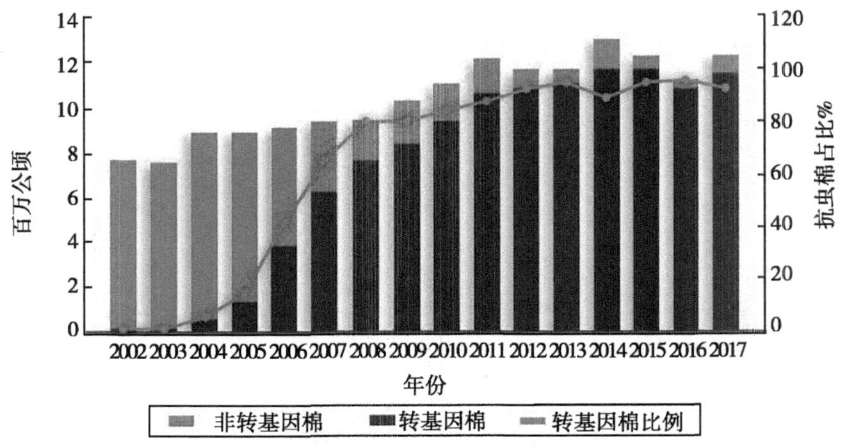

图 1-2 印度 2002—2017 年转基因抗虫棉的种植情况

资料来源：ISAAA Brief 53—2017

2. 美 国

美国作为转基因棉花的种植大国，2017 年转基因棉花的种植面积为 458 万公顷，占美国所有转基因作物种植面积（7 500 万公顷）的 6%，占棉花种植总面积的 96%，比 2016 年（93%）提高 3%。转基因棉花种植面积从 2016 年的 370 万公顷上升到 2017 年的 458 万公顷，提高了 24%。2017 年种植的转基因棉花包括 23. 9 万公顷抗虫棉花，52. 5 万公顷耐除草剂棉花和 380 万公顷具有复合性状（抗虫耐除草剂）的棉花。

3. 巴基斯坦

2018 年巴基斯坦转基因棉花种植面积达到 300 万公顷，比 2017 年（290 万公顷）增加 10 万公顷，占棉花种植总面积的 96%（311 万公顷）。2017 年

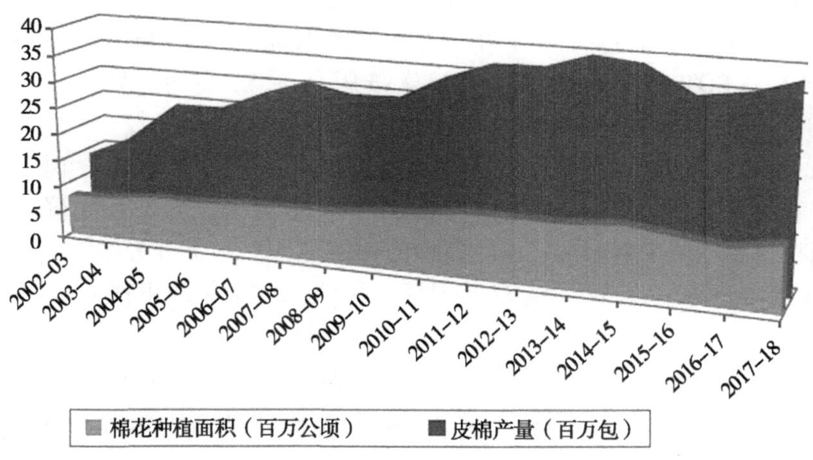

图 1-3　印度 2002—2017 年棉花种植面积及产量

资料来源：CAB，2017；SABC 和 ISAAA 编制，2017

批准 4 个转 *cry1Ac* 基因包含 MON531 转化事件的抗虫品种。2010—2016 年共批准转基因抗虫棉品种 34 个，在此期间转基因棉花的种植使农民累计收益达到 48 亿美元，仅 2016 年就达到 4.83 亿美元。2017—2018 年巴基斯坦转基因棉花种植面积从 290 万公顷增加到 300 万公顷。自 2010 年巴基斯坦政府 MOCC 第一次官方报道转基因棉花商业化种植以来，当地棉农一直种植转基因抗虫棉。遮普省是第一个大量种植抗虫棉的省份，在之后的几年，信德省、开伯尔—普赫图赫瓦省和俾路支省也陆续开始种植抗虫棉。2017 年，72.5 万棉农种植的转基因抗虫棉面积保持在 300 万公顷，占棉花种植总面积的 96%。抗虫棉种植面积的显著增加主要是政府给予农民的大量补贴，包括补贴肥料和降低贷款利率等。2010—2016 年，NBC 和 PSC 已经批准了 34 个抗虫棉花品种，足够提供 4 个重要棉花种植省份（遮普省、信德省、开伯尔—普赫图赫瓦省和俾路支省）棉农的需要。2017 年旁遮普大学的 NCEMB 宣布已经研发了该国排名前三的耐除草剂和抗虫的转基因棉花品种：CEMB-33，CEMB-Klean 和 CA-12（Business，2017）。

4. 其他国家

2017 年，巴西转基因棉花种植面积达到 94 万公顷，比 2016 年（79 万公顷）增加了 19%，占棉花种植总面积的 84%，其中抗虫棉占 11%（10.2 万公顷），耐除草剂棉花占 30%（28.2 万公顷）和抗虫耐除草剂复合性状棉花占 59%（55.6 万公顷）。

2003—2017 年，巴西共批准转基因棉花转化事件 15 个。2017 年批准两个同时转多个基因的棉花品种，其中一个为转基因抗虫（GHB614 × T304-40 × GHB 119 × COT102）与耐草甘膦/草铵膦的棉花品种，另外一个为转 MON88701、耐草铵膦与麦草畏复合性状的棉花品种。

从 1996—2017 年，阿根廷共批准转基因棉花事件 7 个。2017 年阿根廷转基因棉花种植面积为 25 万公顷，与 2016 年（38 万公顷）相比下降了 38%。转基因抗虫耐除草剂复合性状棉花品种的种植率从 95%上升为 100%，阿根廷在 2015 年停止种植单一抗虫的转基因棉花品种，2017 年停止种植单一耐除草剂的转基因棉花。

2017 年，南非转基因棉花种植面积为 3. 74 万公顷，相比于 2016 年的 0. 9 万公顷，增加了 315%，其中旱地和灌溉地区的种植面积分别增加 68% 和 170%。

加拿大自 1996—2017 年共批准转基因棉花转化事件 25 个。

阿拉圭自 2011 年开始批准商业化种植抗虫棉，2013 年批准抗虫耐除草剂复合性状的棉花品种，2017 年种植的全部为转复合性状的转基因棉花，其种植面积达到 1 万公顷。

2018 年 5 月，埃塞俄比亚环境部批准种植转 *Bt* 基因棉花。

二、我国转基因作物产业化发展趋势

我国作为世界上拥有转基因作物自主研发能力的国家之一，从 20 世纪 80 年代起就非常重视转基因作物的研发工作，在国家级重大科技项目的大力支持下，转基因技术方面取得了一些成绩，例如抗虫棉、抗虫水稻、转植酸酶玉米等，并在转基因抗虫棉的产业化发展方面取得了巨大的成功。但是我国的技术缺乏创新，较发达国家还有一定的差距（应雨青等，2017）。

我国的转基因技术有很大的发展市场，但是现有的基础条件仍不完善，为了加快转基因作物产业化，我国指出了转基因作物产业化的道路以及发展策略。同时，政府也十分重视农业转基因生物安全管理工作，已经形成了一整套适合我国国情并与国际惯例相衔接的法律法规、技术规程和管理体系，依法实施安全管理并取得显著成效。建立了由农业、科技、卫生、食品、环保、检验检疫等部门组成的部际联席会议，负责转基因重大事宜协商。农业农村部成立了农业转基因生物安全管理办公室，负责全国农业转基因生物安全监管工作（罗云波，贺晓云，2014）。

未来我国转基因作物产业化需要综合权衡考虑粮食供需、技术创新、安全监管及市场运作等诸多问题。首先，保证国内粮食长期供需平衡是我国转基因作物产业化推广首要考虑的。大豆和玉米存在巨大的供需缺口，在现有贸易格局下，亟待就转基因作物产业化是否能够缓解国内供需平衡做出清晰的判断。其次，我国转基因作物产业化能否有持续的技术创新能力作为支撑。目前我国的转基因水稻研发水平处于世界前列，同时也储备了一批具备自主知识产权的转基因玉米新品种，但目前的转基因技术研发能力能否为转基因作物产业化提供持续的技术支撑需要进行论证。最后，我国已经大规模推广转基因棉花多年，已经形成了一整套转基因生物技术的安全监管能力，可对未来的转基因粮食作物产业化提供借鉴（谭涛，陈超，2014）。

作为农业大国，我国拥有全球数量最多的农民和最具潜力的种子市场，转基因作物产业化对我国农业增产、农民增收与种子市场培育的效应是显而易见的。转基因作物产业化推广是一个整合上游的转基因技术研发、中游的生物安全评价以及下游的转基因种子营销的复杂系统工程。我国农业发展正面临生物技术革命带来的巨大机遇和挑战。尽管充分意识到了转基因生物技术商业化应用对国家粮食安全保障、生态环境改善、农民收入增加以及农业可持续发展的美好前景，但未来的转基因作物产业化仍面临三个关键问题，首先是具有自主知识产权的转基因技术体系的构建，其次是现行转基因生物安全监管框架的调整，再次是转基因农产品市场运行机制的形成（谭涛，陈超，2014）。我国未来转基因作物产业化持续发展的重点应着眼于以育种创新为核心，以安全监管为保障，以市场机制为手段，迎合全球生物技术发展潮流，重点突破、有序推进，最终转变农业增长方式，实现经济、资源与环境和谐发展。

第二节　我国转基因棉花研发进展

我国自 1997 年开始种植转基因抗虫棉花，目前主要围绕利用转基因技术提高棉花产量、改善棉花纤维品质、提高棉花抗逆性（抗虫、耐旱耐盐碱、抗病等）、改良棉花熟性和提高棉产品附加值（彩色棉、高油、低酚等）等方面开展相应研究。因此，根据棉花生产的发展态势和生产需求，利用转基因技术结合上游单位克隆的基因，获得了一批具有潜在应用价值的转化体。通过农杆菌介导和 RNAi 等转基因技术，转基因棉花团队创制了大量转基因棉花新材料，其中有 14 个材料表现出了较大的应用潜力（表 1-3）。

表 1-3 转基因棉花新材料

序号	基因名称	基因来源	目标性状	安全评价阶段
1	*iaaM*	根癌农杆菌	高产优质	环境释放
2	*RRM*2	油菜	丰产	环境释放
3	*IAP-P*35	昆虫杆状病毒	抗黄萎病	环境释放
4	*GhACO*2	棉花	纤维品质改良	环境释放
5	*GR*79-*GAT*	土壤微生物	抗除草剂	中间试验
6	*EPSPS-G*6、*VIP+CryIA*（*C*）	土壤微生物	广谱抗虫+抗除草剂	中间试验
7	*Abf*2	棉花	抗旱耐盐碱	中间试验
8	*HEWL*	人工合成	抗黄萎病	中间试验
9	*GAFP*	天麻	抗黄萎病	中间试验
10	*EDT*1	拟南芥	抗旱	中间试验
11	*TsVP*	小盐芥	耐旱耐盐碱	中间试验
12	*vgb*	透明颤菌	早熟	中间试验
13	*KCS*	棉花	纤维品质改良	中间试验
14	*WXM*12	棉铃虫	抗虫	中间试验

（一）转基因抗虫棉产业化稳步推进

国家重大科技项目的支持，促进了棉花科研、生产、推广各部门的互相配合，使得国产转基因抗虫棉技术创新与产业化发展取得了长足进步。2008 年以来，专项培育转基因抗虫棉花新品种 147 个，累计推广 4 亿亩，使国产抗虫棉份额达到 96%，增收节支社会经济效益 450 多亿元，减少农药 40 万多吨。培育的高产抗虫三系杂交棉比常规杂交棉，制种效率提高 40%、成本降低 60%、纯度可达 100%、且适宜大规模制种。第二代转基因纤维品质改良棉花取得突破进展，衣分高达 49%，比对照提高 20% 以上，皮棉产量提高 25%~34%。

（二）转基因棉花新品种培育

1. 抗虫耐除草剂转基因棉花

通过转基因技术，将具有我国自主知识产权的耐草甘膦除草剂双价基因（*EPSPS-GR*79+*GAT*），以及新型抗虫基因（*Vip*3*Aa*11）与抗虫基因（*GFM*

Cry1A（*b/c*））融合，抗虫基因（*VIP*+*CryIA*（*C*））与耐除草剂基因（*EPSPS*-*G6*）融合，构建双价融合抗虫基因（*GFM Cry1A*（*b/c*）+*Vip3Aa11*），同时导入优良的棉花品种中，创造出转基因抗虫耐除草剂棉花新种质和棉花新品系。

（1）*Cry1Ab* 基因、*Cry1Ac* 基因、*Cry1F* 基因、*Cry2Ab* 基因、*Cry2Ae* 基因等被转入棉花中，防治鳞翅目害虫和棉盲蝽。

（2）营养杀虫蛋白棉花。即 Vip 蛋白，为第二代杀虫蛋白，与 Cry 蛋白的结构和功能完全不同，对鳞翅目和鞘翅目有很好的效果。

（3）RNAi 转基因棉花。植物介导的昆虫 RNAi 技术，可有效、特异地抑制昆虫基因的表达，抑制害虫生长，目前我国 RNAi 转基因棉花已经环境释放。

（4）转基因抗蚜虫棉花。我国科学家将雪莲凝集素基因（*GNA*）和野生荠菜凝集素基因（*WSA*）转入棉花，获得了转基因抗蚜虫棉花新材料，但对棉蚜的抗性欠佳，尚不能达到生产应用的水平。

（5）耐草甘膦棉花。耐草甘膦基因是属于表达靶标酶类耐除草剂转基因棉花。EPSPS 是棉花氨基酸循环莽草酸代谢途径中一个很重要的酶。草甘膦通过抑制 EPSPS，造成植物体内氨基酸代谢莽草酸途径中断。耐除草剂棉花对草甘膦有较好的耐性。

（6）耐草铵膦、双丙氨膦棉花。该类棉花属于表达修饰酶类的转基因耐除草剂棉花。*Bar* 基因编码乙酰转移酶基因（*PAT*），对草铵膦、双丙氨膦进行修饰，反应产物能被顺利代谢使其失去除草能力，转入 *bar* 基因获得的转基因棉花对草铵膦和双丙氨膦均有较好的耐性。

（7）耐磺酰脲类（绿磺隆等）棉花。属于表达异构酶类除草剂棉花，可产生对除草剂不敏感的靶标酶或蛋白的异构体。*Surb-Hra* 基因通过编码改变空间构型的乙酰乳酸合酶（ALS）使磺酰脲类除草剂失去作用，从而保护植物的正常生理功能。

2. 抗黄萎病转基因棉花

利用来自于牛心朴子 *CkTLP* 和 *CkChn*134、薇甘菊 *MmZF*1、海岛棉 *GbNA*1、*GbNA*2、陆地棉 *GhEDS*1、*GhEDS*5 和微生物的 *VdDex* 等转基因抗黄萎病棉花新材料，与综合性状优良的主推品种进行杂交、回交和分子标记辅助选择等方法，创制抗黄萎病棉花新品系，黄萎病病指低于 20，并在生产上进行试验、示范和推广。转鸡蛋清溶菌酶基因（*HEWL*）、转天麻抗真菌蛋白（*GAFP*）的转基因抗黄萎病棉花材料，均已完成中间试验，这些为培育抗黄萎病棉花新品种提供了新材料。中国农业科学院棉花研究所将几丁质酶、β-1,3-葡聚糖酶（*PCD*）基因同时转入棉花，获得了转双价基因抗黄萎病棉花新材料，人工病圃中鉴定结果表明，黄萎病病指有明显下降。

3. 抗盲椿象转基因棉花

利用定点突变技术，将一种由苏云金芽孢杆菌产生的伴胞晶体蛋白，改造为对盲椿象有抗性的新基因（*MRP*001）。通过遗传转化，获得对盲椿象有抗性的转基因棉花材料，达到降低盲椿象为害的目的，减少农药使用量，促进棉花生产的可持续发展和环境保护。

4. 抗旱耐盐碱转基因棉花

以增强抗逆性为主要目标，以复合抗性为重点，提高棉花的耐旱、耐盐碱性，为利用大面积盐碱地，培育转基因耐旱耐盐碱棉花新品种。转 *EDT*1、*ABF*2、*betA*、*TsVP* 等抗逆基因棉花材料已进入安全性评价阶段。通过进一步鉴定其耐旱耐盐碱性，并将耐旱耐盐碱基因功能较好、性状稳定的新材料进一步进入环境释放阶段，为我国棉花育种提供新型种质、为产业化发展开辟一条新的道路。

5. 转高产基因棉花新材料创制

在前期研究的基础上，继续改良转 *RRM*2 基因高产材料综合农艺性状，并进一步明确转 *RRM*2 基因材料侧翼序列、拷贝数等基本信息，加快其转基因安全评价进程，从而确保其在新型转高产基因新品种培育过程中发挥重要作用。最终将转基因高产基因性状与抗虫性状进一步融合，从而保障棉花在抗虫性的基础上进一步提高产量和提升棉花经济效益。

6. 转早熟、高纤维品质基因棉花

利用来自于透明颤菌 *vgb* 基因，通过将其导入棉花并经过多代自交选育获得纯合稳定的转基因早熟棉花新材料，以及转 *KCS* 高纤维品质基因棉花新材料，两者都已进入安全性评价，通过进一步的环境释放，对于我国棉花熟制和纤维品质的改良具有重要价值。

（三）转基因技术体系日趋完善

中国农业科学院棉花研究所同时利用基因枪法、花粉管通道法和农杆菌介导法进行外源基因的转化，建成了棉花转基因技术平台。转化率平均达到 7.5%，农杆菌介导法转化周期由原来 12 个月缩短为 5~7 个月，实现了年产转基因植株 8 000 株以上的研发水平。以我国自育棉花新品种中棉所 24 为农杆

菌介导法模式棉花品种，实现了流水线操作，有效降低了转基因运行成本。将植物嫁接技术成功应用于转基因棉花的快速移栽，成活率达到90%以上，有效解决了棉花转基因苗移栽成活率低的难题。将抗虫、抗病、纤维品质改良等基因转入了30余个主栽棉花品种中，获得了2 000余份转基因棉花种质材料。2012—2015年，中国农业科学院棉花研究所陆续完成陆地棉 *Gossypium hirsutum* TM-1、栽培棉花 *Gossypium arboreum*、二倍体棉花 *Gossypium raimondii* 和全新亚洲棉 *Gossypium arboreum* 的全基因测序，三种重要棉花品种的测序引起全球的关注，研究成果分别发表在高影响力的期刊 *Nature Biotechnology*、*Nature Genetics* 上，得到国际同行的一致好评，这些测序研究成果将为棉花的基因克隆等技术提供更多的基因材料，为全球新转基因材料的研究和新品种的研发提供重要支持。

参考文献

罗云波，贺晓云 . 2014. 中国转基因作物产业发展概述［J］. 中国食品学报，14（8）：10-15.

谭涛，陈超 . 2014. 我国转基因作物产业化发展路径与策略［J］. 农业技术经济（1）：22-30.

应雨青，徐樱艺，吴晨晨 . 2017. 我国转基因作物的产业化发展路径及策略［J］. 农业与技术，37（6）：183.

Ashraf J，Zuo D，Wang Q，*et al.* 2018. Recent insights into cotton functional genomics：progress and future perspectives［J］. Plant Biotechnology Journal，16（3）：699-713.

Business Recorder. 2017. PU scientists create genetically-modified cotton seed varieties，Business Reconder.

CAB. 2017. Minutes of CAB meeting held on 2017. Cotton Advisory Board，Office of the Textile Commissioner，Government of India.

Du X，Huang G，He S，*et al.* 2018. Resequencing of 243 diploid cotton accessions based on an updated A genome identifies the genetic basis of key agronomic traits［J］. Nature Genetics，50（6）：796-802.

Fang L，Wang Q，Hu Y，*et al.* 2017. Genomic analyses in cotton identify signatures of selection and loci associated with fiber quality and yield traits［J］. Nature Genetics，49（7）：1 089-1 098.

Huang C，Nie X，Shen C，*et al.* 2017. Population structure and genetic basis of the agronomic traits of upland cotton in China revealed by a genome-wide association study using high-density SNPs［J］. Plant Biotechnology Journal，15（11）：1 374-1 386.

Jin L, Zhang H, Lu Y, *et al.* 2015. Large-scale test of the natural refuge strategy for delaying insect resistance to transgenic Bt crops [J]. Nature Biotechnology, 33 (2): 169.

Li FG, Fan GY, Lu CR, *et al.* 2015. Genome sequence of cultivated upland cotton (*Gossypium hirsutum* TM-1) provides insights into genome evolution [J]. Nature Biotechnology, 33 (5): 524-530.

Li FG, Fan GY, Wang KB, *et al.* 2014. Genome sequence of the cultivated cotton *Gossypium arboreum* [J]. Nature Genetics, 46 (6): 567-572.

Lu X, Fu X, Wang D, *et al.* 2018. Resequencing of *cv* CRI-12 family reveals haplotype block inheritance and recombination of agronomically important genes in artificial selection [J]. Plant Biotechnology Journal, https: //doi. org/10. 1111/pbi. 13030.

Lu Y, Wu K, Jiang Y, *et al.* 2010. Mirid bug outbreaks in multiple crops correlated with wide-scale adoption of Bt cotton in China [J]. Science, 328 (5982): 1 151-1 154.

Lu Y, Wu K, Jiang Y, *et al.* 2012. Widespread adoption of Bt cotton and insecticide decrease promotes biocontrol services [J]. Nature, 487 (7407): 362.

Ma X, Wang Z, Li W, *et al.* 2018. Resequencing core accessions of a pedigree identifies derivation of genomic segments and key agronomic trait loci during cotton improvement [J]. Plant Biotechnology Journal, https: //doi. org/10. 1111/pbi. 13013.

Ma Z, He S, Wang X, *et al.* 2018. Resequencing a core collection of upland cotton identifies genomic variation and loci influencing fiber quality and yield [J]. Nature Genetics, 50 (6): 803-813.

Tian X, Ruan J X, Huang J Q, *et al.* 2018. Characterization of gossypol biosynthetic pathway [J]. Proceedings of the National Academy of Sciences, 115 (23): E5 410-E5 418.

Wan P, Xu D, Cong S, *et al.* 2017. Hybridizing transgenic Bt cotton with non-Bt cotton counters resistance in pink bollworm [J]. Proceedings of the National Academy of Sciences, 114 (21): 5 413-5 418.

Wang K, Wang Z, Li F, *et al.* 2012. The draft genome of a diploid cotton *Gossypium raimondii* [J]. Nature Genetics, 44 (10): 1 098-1 103.

Wang M, Tu L, Lin M, *et al.* 2017. Asymmetric subgenome selection and cis-regulatory divergence during cotton domestication [J]. Nature Genetics, 49 (4): 579-587.

Wang M J, Tu Lili, Yuan D J, *et al.* 2018. Reference genome sequences of two cultivated allotetraploid cottons, *Gossypium hirsutum* and *Gossypium barbadense*. 2018, Nature Genetics, https: //doi. org/10. 1038/s41588-018-0282-x.

Wu K M, Lu Y H, Feng H Q, *et al.* 2008. Suppression of cotton bollworm in multiple crops in China in areas with Bt toxin - containing cotton [J]. Science, 321 (5896): 1 676-1 678.

第二章　国内外转基因抗虫棉安全管理现状

转基因生物安全管理是通过科学评价，明确转基因生物可能存在的风险或危害发生水平，确定切实可行的风险管理措施，促进转基因生物技术研究及其产业化。转基因技术和产业发展需要转基因生物安全管理，生物技术的发展对安全管理提出更高的要求。转基因生物的风险是世界范围内的热点话题，因此必须加强转基因生物安全管理，积极应对转基因技术存在的潜在风险。

随着转基因技术不断发展，转基因生物安全性问题逐渐成为国际社会普遍关注的热点，各种国际组织召开多次国际会议，积极号召各个国家进行交流探讨，建立多数国家能够接受的统一的转基因生物安全评价和管理的方法及体系，以便在促进生物技术发展的同时，保障人类健康和环境安全。同样，转基因生物安全管理受到世界各国的高度重视。不同国家根据本国国情及法律法规，指定已有机构或新成立相关部门对转基因生物安全进行管理。由于各国政治、经济、文化等诸多差异，国际上转基因生物安全管理并没有统一的模式。

第一节　国外转基因生物安全管理模式

农业转基因生物安全是指防范农业转基因生物对人类、动植物、微生物和生态环境构成的危险或者潜在危险。虽然迄今为止尚无科学界公认的证据证明上述危害的存在，但随着转基因生物技术及产品从实验室研究走向人们的日常生活，其引发的安全问题也受到越来越多人的关注（李铁军，李德全，2010）。因此，对农业转基因生物安全进行监管，对于保障生物安全，保护生态环境，促进农业转基因生物技术研究及其产业健康发展，具有十分重要的意义（叶盛荣，2011）。

国际上农业转基因生物安全管理没有统一的模式。依法加强对农业转基因生物的安全监管是世界各国推进转基因生物安全管理的共识。美国等发达国家生物技术研究和转基因生物安全管理起步早，已经形成了一套比较完善的管理体系（康宇立等，2018）。目前存在着美国与欧洲两种不同的对待转基因作物的态度。美国的监管宽松，欧盟的态度则比较严谨。

转基因生物安全法律体制的合理性不但关系到生物安全监管的直接效果，同时也影响到公众对转基因技术和转基因生物的认知。由于不同国家和地区转基因生物技术发展和产业化程度的不同，同时也由于政治架构、文化传统等方面的差异，在具体设定其转基因生物安全监管体制时，有着很大区别（陈超等，2007；王明远，2007）。按转基因生物安全管理模式可分为以下三种模式，即产品管理型、技术管理型和介于两者之间的中间管理型。

一、产品管理型

产品管理型是以生物技术产品为基础的生物安全管理模式，遵循可靠科学原则，即科学是法律管制体制的基石。这种模式以美国为代表，认为转基因生物和非转基因生物没有本质的区别，风险分析中应用实质等同性原则，不单独立法，多部门分工协作管理。

美国在 1992 年修订的《生物技术协调管理框架》，阐明了转基因生物安全管理的基本框架，按照产品的最终用途规定了相应的管理部门，由美国农业部（USDA）、食品药品监督管理局（FDA）、环境保护署（EPA）分阶段、分用途对转基因生物进行管理。这种模式的目标是依据相应的法规，保证人类健康和生态环境的安全，同时具有充分的管理弹性，促进生物技术产业的健康发展。这种模式成为美国在国内对转基因产品奉行自律管制、在国际上推行转基因产品自由贸易、对抗他国技术贸易“壁垒”的法律基础（刘谦，朱鑫泉，2001）。

美国联邦政府负责转基因生物的安全监管，州政府一般不具有监管职责。在美国任何一种转基因作物的产业化都必须经过 EPA、FDA 和 USDA 下属的动植物卫生检验检疫局（APHIS）三个部门中一个或多个进行审查，各部门审查的侧重点不同。

EPA 依据《转基因植物产生农药的管理》和《植物内置式农药（PIP）管理》，按照农药的模式对转基因植物进行安全监管。除药用、工业用转基因植物，USDA 对转基因生物的产业化种植没有附加要求。药用、工业用转基因植物不能获得非管制状态，必须在严格的隔离条件下产业化种植。EPA 一般对植物内置式农药（如抗虫转基因作物）登记附加限定条件，一是在野生近缘种存在的地区，禁止植物内置式农药的产业化种植；二是要求研发者监测靶标生物对转基因植物的抗性，制定抗性治理策略。环保局主要采用高剂量/庇护所策略，用敏感种群稀释抗性个体防止抗性种群的产生。

FDA 依据 1992 年颁布的《源于转基因植物食品的管理政策》和 2002 年颁布的《源于转基因植物并用于人类和动物的药品、生物制剂、医药设备的管理指南》，主要负责转基因食品及其食品成分安全的管理。FDA 同时负责转基因作物产业化标识体系的管理。美国对转基因产品采取自愿标识，FDA 要求转基因标识必须真实、不能误导消费者。以下 3 种情况需加贴特殊标识：①转基因食品含有明显区别于传统的同类食品的物质；②转基因食品开发商使用了可能含有过敏物质如牛奶、鸡蛋、小麦、鱼类等基因资源的；③转基因食品含有可导致消费者过敏物质的。

USDA 在管理转基因作物种植的过程中，依据 2003 年颁布的《转基因药用与工业用植物田间试验管理公告》，从种子的获取、运输到田间试验乃至最后的产业化生产都实行全程监管，防止转基因作物成为有害生物。当田间试验达到安全测试标准后经审批投入产业化生产时，USDA 在研究人员提供关于转基因及其植物生物学效应、对生态系统的影响等方面大量的数据的情况下，批准是否对该转基因作物“解除管制”。当转基因作物进入市场后发现任何问题，USDA 都可依据《联邦植物有害生物法》《GMO 及其产品：受控生物体的报告程序及解除控制的申请》勒令停止销售该产品。2018 年 12 月 20 日，USDA 公布《国家生物工程食品信息披露标准》，要求从 2020 年 1 月 1 日起，含转基因成分 5%以上的食品以适当方式标注转基因信息，年收入低于 250 万美元的小型食品企业可延后至 2021 年 1 月 1 日执行新规。强制性合规日期为 2022 年 1 月 1 日。

美国采取的这种 FDA+EPA+USDA 的产业化管理模式，确保了其转基因食品监管的严格性。三者之间分工明确，权责明晰，相互协调且运作高效，形成了良好的统一整体。一旦政府各管理部门之间出现问题，由联邦政府科学顾问委员会乃至总统亲自过问；法律中的问题由国会出面干预。从实施情况看，美国实现了依靠转基因技术保持世界农业强国和世界头号农产品出口国的战略目标。这种模式但也存在一些弊端，这种模式过度依赖研发者的自律意识，缺少对全程的系统监控，在个别环节上容易产生纰漏。

二、技术管理型

技术管理型是以技术为基础的生物安全管理模式，遵循预防原则，进行全程监控。这种模式以欧盟为代表，认为重组 DNA 技术有潜在风险，无论是何种基因和生物，只要通过重组 DNA 技术获得的转基因生物均需要接受严格的安全性评价和监控，风险分析中应用预防原则，单独立法，统一管理。

尽管目前所有权威机构的评估均未发现已进入市场的转基因食品对人体健康或生态环境具有危害，但欧盟仍坚持认为科学是存在局限的，科学评估转基因食品所需的完整数据要等到许多年后才能获得，无论研究方法多么严格，结论总会存在某些不确定性，而政府不能等到最坏的结果发生后才采取行动。欧盟对待转基因作物产业化问题持谨慎态度。2002 年欧盟通过了被称为“食品法通则”的 178/2002 号条例，正式建立了“欧盟食品安全局”作为负责进行风险评估的咨询机构。对产业化后的转基因作物从农田到餐桌的整个过程实行全程风险监控，为欧盟委员会及各成员国的法律和政策提供科学依据。

欧洲委员会常设欧洲食品安全局和欧盟委员会联合研究中心负责对转基因作物产业化进行行政审批，分管转基因生物上市前的风险评估和检测方法验证，同时商品产业化进程中是否需要标志、建立可追溯体系和产业化后环境安全监管、注册有效期等均要得到该常设委员会的审批。欧盟各成员国没有进行风险评估和审批的权利，需统一交由欧盟行使。转基因作物产业化进程中出现任何问题，法国生物技术最高委员会、德国联邦农业部等各成员国转基因监管部门可上报至欧盟委员会，由欧盟食品安全局来行使暂时或禁止转基因作物的流通和销售的权利。

欧盟在转基因作物产业化管理中采取立法先行的措施，在转基因产业化管理体系中已经建立了包括框架指令、授权和监督、标签和标识等一系列措施。

欧盟法规（EC）1830/2003 建立了转基因作物产业化的管理框架，法规（EC）641/2004 和指令（EC）18/2001 建立了转基因生物的风险评估框架。欧盟法规（EC）65/2004 建立了用于产业化基因改良生物的唯一标识系统，使每一种产业化的“转基因生物”都有一个独一无二的标识号码。转基因生物及产品在投放市场之前，生产者应当以书面形式使接收产品者知晓该产品转基因成分的相关信息。在市场流通的每个环节也应让每个接收产品者知晓同样的信息，并且要求记录保留 5 年。此外，任何一个成员国在与该指令不相违背的前提下都可以对转基因作物的生产方式进行限制，以避免转基因产品污染非转基因农作物。

这种管理模式优点在于能够有效控制转基因作物和转基因产品在产业化过程中可能导致的潜在危险，对每一环节严格的监管，对每一个产品进行溯源。赋予成员国平等的投票权，在欧盟范围内保证转基因作物不滥势发展，同时建立了保护欧盟成员国传统农作物的技术贸易壁垒。这种管理模式缺点是程序过于复杂烦琐，没有考虑各成员国发展的差异，管理监控成本较高，在一定程度上阻碍了生物技术的发展。

三、中间管理型

中间管理型模式介于以美国为代表的产品管理型和以欧盟为代表的技术管理型之间，既兼顾产品管理又兼顾过程管理。这种模式以巴西为代表，根据本国国情制订出相应的法律法规以及监管体系，既促进生物技术产业的发展，又保护传统种植业，风险分析中应用实质等同原则和（或）预防原则。

巴西新的生物安全法规定，转基因作物产业化安全监管机构包括国家生物安全理事会（CNBS）、国家生物安全委员会（CTNBio）及农业部等政府相关部门。这部法律对转基因技术的全过程监管进行了规定，这方面借鉴了欧盟为代表的技术管理型的统一机构设置和全过程管理。

在转基因作物产业化安全监管方面，CNBS 由共和国总统公民议会首席长官任主席，10 个部长为成员，总揽转基因生物安全管理，制定和实施国家生物安全政策。其负有在国家层面上制定法规和指南，为行政管理部门提供工作依据，分析转基因作物及产品产业化应用的社会经济效益、机遇和国家利益，决定是否批准转基因作物及产品产业化应用的责任。

CTNBio 主要为联邦政府制定和实施国家转基因生物安全政策提供技术支持，建立关于批准转基因生物和产品研究及产业化应用的安全技术准则，确定转基因作物商业化产品及其使用的生物安全等级标准。

政府相关部门主要包括卫生部、农业部、环境部、总统办公室水产养殖和渔业特别秘书处下属的行政管理及监测机构，主要职责是监督检查从事转基因生物研究、试验、生产、进口、经营等活动，持续记录每一种转基因作物及其产品的活动和项目的个人监控结果，并及时向 CTNBio、审批机构、监测机构以及工会报告对接触人群的风险评估结果以及任何能导致生物技术样品扩散的意外事件和事故，通过生物信息系统（SIB）及时向公众提供转基因生物及产品登记和批准信息。这种协调统一的以产品为主导型的多部门分散监管模式则借鉴了美国为代表的产品管理模式。

第二节　国外转基因生物安全管理政策

2017 年共有 14 个国家种植转基因棉花，种植面积达到 24.1 百万公顷，其中 4 个国家的种植面积超过 100 万公顷，依次是印度、美国、巴基斯坦和中国。其余 10 个国家分别是巴西、澳大利亚、缅甸、阿根廷、墨西哥、南非、巴拉圭、哥伦比亚、苏丹、哥斯达黎加。

转基因作物虽然做出了巨大的贡献，但也为公众带来了忧虑。因此，世界各国和国际组织都制定了与转基因生物安全管理相关的法律法规和规章制度，从而加强对转基因生物的管理，保护生态环境，保障人体健康。转基因生物安全管理是一项技术性很强的工作，各个国家和地区都建立了与各自管理特点相适应转基因生物安全管理制度、行政管理体系和技术支撑体系。(表 2-1)。

表 2-1　国外主要国家、国际组织的转基因生物管理机构及其分工

国家/组织	管理机构	负责任务
国际标准化组织	中央秘书处	负责日常事务；统一负责制定、审批和颁布世界范围内通用的国际标准
	技术委员会	主管转基因食品国际标准的制修订工作
国际食品法典委员会	国际食品法典委员会	制定食品和食品添加剂标准、限量标准、分析和抽样方法有关的标准、指南和建议及卫生惯例的守则和指南
	食品标识法规委员会	起草适用于所有食品的标识规定；审议、修改并通过由各专业、商品分委员会起草的标准，业务守则和准则中所拟定的具体标识规定草案；研究 CAC 指定的具体标签问题等
经济合作与发展组织	理事会	是经合组织的决策机构。理事会每年举行一次部长级会议，讨论重要问题，并为经合组织的工作确定重点。理事会指定的工作则由经合组织秘书处的各个司局来完成
	BioTrack Online	主要集中于在环境安全和食品/饲料安全领域内的生物技术产品的法规监督，包括基因工程生物或转基因生物法规，BioTrack Online 含有多方面的共识/指导文件、产品数据，以及田间实验数据等
国际植物保护公约	IPPC 秘书处	(1) 制订国际植物检疫标准（ISPMs）；(2) 向 IPPC 提供信息，并促进各成员间的信息交流；(3) 通过 FAO 与各成员政府和其他组织合作提供技术援助
		植物检疫措施临时委员会负责评估全球植物保护现状，并向 IPPC 秘书处提出工作建议

（续表）

国家/组织	管理机构	负责任务
欧盟	食品安全局	主要任务是开展危险性评估，独立地对直接或间接与食品安全有关的事件（包括与动物健康、动物福利、植物健康、基本生产和动物饲料）提出科学建议；对转基因饲料与共同体法规和政策有关的营养问题等提出科学建议；负责 GMOs 的审批和市场投放
	食品和兽医办公室	负责监督各成员国执行欧盟法规的情况及其他国家进口到欧盟的食品的安全情况
美国	美国农业部	动植物检疫局对转基因作物进行管理，防止病虫害的引入和扩散，确保美国农业免受病虫害的侵害。同时动植物检疫局还负责审批转基因微生物的田间试验和兽用生物工程产品（包括动物疫苗）的登记。具体如植物有害生物，植物，兽用生物制剂
	食品和药品管理局	下设食品安全及检查局负责肉类和禽类的食品安全 负责评估食品和食品添加剂的安全管理；负责食品标识管理，如果 FDA 确定转基因食品同传统食品具有实质等同性，则不需标识。如食品，饲料，食品添加剂，兽药，人类用药，医疗设备
	国家环境保护署	对杀虫剂（包括植物杀虫剂，即转抗虫、抗病基因产生的蛋白质）进行管理。具体负责杀虫剂对农业的影响和确定或免除杀虫剂在食品中最高残留量的管理。EPA 同 APHIS 共同负责管理转基因生物的环境释放。如微生物/植物杀虫剂，现有杀虫剂的新用途，新微生物
加拿大	加拿大食品检验局	主要负责环境释放，田间测试，对环境的安全性，种子法案，饲料法案，品种登记
	加拿大卫生部	主要负责转基因产品对人类的健康安全，主管制定食品（包括转基因食品）的标识法规
	有害生物管理局	与卫生部共同负责所有新异有害生物控制产品
	加拿大环保局和卫生部	所有其他新异物质，包括：新工业化学品、生化药剂、聚合体和生物高聚物（如色素、可塑剂、添加剂等）以及有机体（如用于生物修复、工业酶生产等）；种子法、饲料法或条例没有涵盖的，直接用作食物、非家畜饲料或用于生产食品或工业产品的进口新异植物材料；CEPA 所列法律和条例没有涵盖的转基因微生物；用于非家畜的新异饲料（如宠物的新异饲料）；转基因动物和鱼；化肥中新异物质和仅用于出口的新添加剂；生产有害生物控制产品的新异中间体；（人类或兽用）药品中的新异物质、人类生物制剂、医疗设备
日本	日本厚生劳动省	食品安全委员会负责转基因产品的审批，向公众说明产品经过了安全评估
	日本农林水产省、环境部	负责转基因产品的环境安全、饲料安全审批和转基因食品标识；如有关农业、林业、渔业、食品工业和其他相关工业应用（饲料、饲料添加剂、肥料等）

（续表）

国家/组织	管理机构	负责任务
印度	印度环境林业部	下设的基因工程审批委员会主管转基因作物商业化审批
	印度食品加工产业部	Biosafety Clearing－House（BCH）执行转基因生物的科学、技术、环境和法律信息的交流，促进协议的执行 负责统一整理印度现有的食品法规，法案规定禁止不符合法案要求的转基因食品在印度进行生产、加工、进出口或销售
	印度生物技术部	下设的基因管理审查委员会监管转基因产品的的安全，采取措施限制或禁止转基因产品的生产、销售和进口等
澳大利亚	澳大利亚新西兰食品标准局	制定澳新的食品标准 负责食品成分的含量标准、安全性、所有加工食品及在澳大利亚或新西兰进口销售产品的标识
	澳大利亚检疫局	负责出口食品安全检疫
	各州卫生部	负责食品安全法规、标准的执行
	基因技术管理办公室	管理转基因技术前期工作及转基因生物，保护澳大利亚人的健康和环境安全。并按照科学的方法评估新的转基因生物，在它们批准用于生产前对其进行严格的控制和管理
	澳新食品法规部级委员会	按照卫生部要求对转基因食品进行标识，规定标识阈值为1%
	澳大利亚农药、兽药管理局	负责农用化学品的注册登记及检查其安全性与应用
	国家注册局	农用化学品方面
	澳大利亚新西兰食品管理局	负责食品成分的含量标准、安全性、所有加工食品及在澳大利亚或新西兰进口销售产品的标识
	国家工业化学品通告评估署	负责有害工业化学品的通告和评估
	澳大利亚审查检疫局	对活的生物体、生物制品和食品的进口进行严格管制
	澳大利亚环境署	
韩国	农村发展管理局	负责指导转基因生物的环境风险评估
	国家农业生物技术研究所	农业生物安全信息交换所
	外交和通商部	生物安全联络点
	科技部	实施生物技术促进法及其相关条例
	国家卫生研究院	负责转基因微生物的人类健康安全评价
	食品和药物管理局	负责食品、食品添加剂和药品的安全评估与管理，以及相关的标识 负责制定和执行相关的法规 韩国转基因产品的进出口管理

（续表）

国家/组织	管理机构	负责任务
荷兰	环境部	主要负责环境（98/81 和 2001/18） 任命转基因委员会为住房、空间规划和环境部等部委提供有关转基因生物对人类健康和环境造成潜在风险的咨询建议；为有关部委提出与转基因生物有关的伦理和社会问题
	卫生部	食品、人类药品；负责转基因食品对人类健康问题
	农业部	饲料、植物保护、种子、兽用药
英国	国务大臣	负责涉及人类健康和安全的 GMO 释放或市场化许可的审批
	卫生与安全管理局	负责 GMO 隔离使用管理，参与 GMO 的释放和市场化管理
	环境、运输及政区部	在 GMO 的释放和市场化管理以及隔离使用管理过程中起协调作用
	农、食品部和卫生部	共同负责新食品和新食品成分的管理
奥地利	联邦健康和妇女部	负责管理工业和研究机构对转基因生物封闭使用和释放的申请
	联邦教育、科学和文化部	负责管理大学对转基因生物封闭使用和释放的申请
	联邦农业、林业、环境和水管理部/联邦环境保护	对转基因生物的释放和上市提出意见
比利时	生物安全咨询委员会	委员会针对转基因生物和病原体使用的安全性，向主管部门提出咨询。转基因生物的环境释放和上市，必须征求委员会的意见
	生物安全与生物技术服务处	（1）封闭使用的风险评估：根据个案原则，制订特定用途的评估标准，向地区当局提出生物安全审批意见；（2）转基因生物环境释放或上市的风险评估；（3）作为生物安全咨询委员会的秘书处；（4）向生物安全咨询委员会或其他机构提出人类健康和环境方面的保护措施；（5）生物安全卷宗归档，对保密信息实行保密措施；（6）与欧盟建立联系渠道，沟通相关信息；（7）为比利时出席国际会议提供科学支持
捷克	环境部	管理转基因生物的审批和使。主管部门是捷克环境检查局
	环境部与卫生部	在人类健康方面进行合作
	环境部与农业部	在农业风险、动物健康、作物、饲料等方面进行合作

（续表）

<table>
<tr><th>国家/组织</th><th>管理机构</th><th>负责任务</th></tr>
<tr><td rowspan="2">丹麦</td><td>环境与能源部</td><td>主管转基因生物的封闭使用、环境释放和上市销售
下设森林与自然局负责接收转基因生物的环境释放申请，然后征求丹麦环境研究所（环境部）、食品安全和毒理研究所（食品、农业和渔业部）和植物委员会（食品、农业和渔业部）的意见，征求其他50个组织、研究机构和非政府组织的意见，并需要征求欧盟成员国的意见，根据以上意见，森林与自然局向环境与能源部提出审批建议，丹麦议会的空间规划和环境委员会最终作出审批决定。转基因生物的上市销售审批程序与此相同</td></tr>
<tr><td>食品、农业和渔业部及卫生部</td><td>参与动物和人体方面的风险评估</td></tr>
<tr><td rowspan="2">芬兰</td><td>环境部与芬兰环境研究所</td><td>负责预防转基因生物对环境的危害</td></tr>
<tr><td>国家食品局</td><td>是新异食品法令的国家联络点</td></tr>
<tr><td rowspan="4">挪威</td><td>食品管理局</td><td>负责转基因食品管理</td></tr>
<tr><td>农业检验服务局</td><td>负责转基因种子、饲料的管理</td></tr>
<tr><td>渔业部</td><td>负责转基因鱼饲料的管理</td></tr>
<tr><td>环境部</td><td>负责所有活转基因材料的管理</td></tr>
<tr><td>葡萄牙</td><td>环境、领土管理部和卫生部</td><td>负责审批转基因生物，包括上市销售</td></tr>
<tr><td rowspan="3">俄罗斯</td><td>工业和科技部</td><td>下设国家基因工程管理处负责包括转基因生物在内的生物安全管理及登记
下设生物安全咨询委员会在转基因生物登记前，开展转基因生物的风险评估</td></tr>
<tr><td>卫生部卫生和流行病检查司</td><td>负责新异食品的安全管理和登记
下设的兽医司负责新异饲料的安全管理和登记</td></tr>
<tr><td>农业部</td><td>下设生物安全咨询委员会负责新异饲料登记前的安全评估</td></tr>
<tr><td rowspan="4">瑞士</td><td>联邦公共卫生部</td><td>负责转基因食品和生物杀虫剂的审批</td></tr>
<tr><td>联邦农业办公室</td><td>负责转基因种子、饲料、化肥和农药的审批</td></tr>
<tr><td>联邦兽医办公室</td><td>负责转基因动物、兽药的审批</td></tr>
<tr><td>联邦环境、森林和景观局</td><td>负责转基因生物环境释放和其他事项的审批</td></tr>
<tr><td>斯洛伐克</td><td>环境部、农业部和卫生部</td><td>合作管理生物安全事务</td></tr>
<tr><td rowspan="2">墨西哥</td><td>生物安全和转基因生物跨部门委员会</td><td>主管转基因生物安全</td></tr>
<tr><td>农业、家畜和农村发展秘书</td><td>被授权负责建立转基因生物运输、处置、引进和释放的法规</td></tr>
</table>

（续表）

国家/组织	管理机构	负责任务
埃及	国家生物安全委员会	（1）制订、实施和改进生物安全法规；（2）风险评估和发放许可证；（3）提供培训和技术咨询；（4）向政府机关作年度报告；（5）协调国内和国际组织
肯尼亚	国家科学技术委员会	在政策层次上向政府提供现代技术应用的建议
	国家安全委员会以及肯尼亚植物健康检查署	制订生物安全技术指南，管理转基因作物的应用
		发放田间试验许可证
		发放进口许可证
		参与转基因生物试验的田间监测
南非	执行理事会	是一个独立的决策机构，对所有转基因生物的申请作出审批决定。由六个政府部门的代表组成，处理社会经济、贸易、劳动、人类和环境安全性等问题
	科学咨询委员会	评估转基因生物对人类和环境的安全性，向执行理事会提出咨询意见
	登记和检查局	代表农业部实施《转基因生物法》，根据执行理事会的要求发放许可证 监测和检查当地开展的转基因生物工作
印度尼西亚	生物安全委员会	制定了一系列有关转基因生物的技术指南，如转基因植物、微生物、鱼和家养牲畜的通用或专门指南
马来西亚	科技和环境部	任命基因修饰咨询委员会负责《国家转基因生物环境释放指南》的监测和实施
菲律宾	国家生物安全委员会	负责实施《生物安全指南》等指南
新西兰	新西兰环境部	具体主管部门是环境风险管理局，转基因生物咨询委员会向环境部提供评估和咨询意见
瑞典	工作环境管理局	负责转基因微生物封闭使用
	国家渔业委员会	负责转基因水生生物的封闭使用、环境释放和上市销售等
	国家森林委员会	负责微生物、线虫、昆虫和蜘蛛等的环境释放和上市销售等
	国家化学品检查局	负责转基因植物、动物、线虫、昆虫和蜘蛛的环境释放和上市销售
	瑞典农业委员会	负责转基因植物、动物等的环境释放及上市销售等
	医药产品管理局	负责医药产品的上市销售等
	国家食品管理局	负责转基因食品的上市销售等

一、国外转基因生物安全管理政策

（一）印　度

印度是转基因棉花种植面积最多的国家，2002 年印度批准商业化种植转基因抗虫棉，也是唯一批准商业化种植的转基因作物。2017 年转基因抗虫棉的种植面积达到 1 140 万公顷，抗虫棉的种植面积占棉花总种植面积的 93%～96%。印度作为发展中国家中的农业大国，国内始终存在关于是否发展转基因生物的分歧，因此，以本国利益为出发点，结合欧美转基因生物监管制度的特点，制定了一套适合本国国情的监管制度。印度的转基因生物立法体系主要由相关法规、指南和法案三部分组成。

1. 法　规

印度对于转基因生物的监管始于 1983 年出台的《生物技术安全准则》。自此，印度政府开始着手监管转基因生物的研究、开发、生产和环境释放。1986 年出台了《环境保护法》，开始对转基因农作物、动物和产品进行监管。1989 年颁布了《关于危险微生物、基因工程生物体或细胞的生产、使用、进口、出口和贮存规则》，规定所有转基因作物、生物及其产品都要接受该规则管理。

2. 指　南

1990 年印度科技部的生物技术局发布了《重组 DNA 指南》，并于 1994 年修订。1998 年生物技术局颁布了单独的《转基因植物研究指南》，详细规定了用于研发的转基因植物进口和运输管理规范，接着 2008 年生物工程评审委员会出台了《转基因植物田间试验操作程序规范指南》，并更新了《转基因食品安全评价指导方针》。

3. 法　案

随着转基因生物种植面积的扩大，印度政府于 2001 年颁布了《植物种子及农民权利保护法案》，转基因作物依法进行登记公布。转基因产品获得批准后，申请人依据 2002 年《国家种子政策》的条款及各州具体的种子相关法规进行商用种子登记注册，紧接着 2004 年颁布了《种子法草案》，对转基因农作物种子实施登记制度。2006 年发布了《食品安全和标准法令》，授权印度食品安全及标准管理局成为印度转基因食品监管部门。此外，印度 2009 年颁布的《印度生物技术管理机构草案》规定了印度生物技术管理机构的部门设置、部门功能、执行措施、人员组成和协调机构等。2010 年修订的《外贸法案》就转基因产品进出口作了进一步规范。

（二）美　国

美国是转基因技术较为领先的国家，其转基因技术的商业化应用较为广泛，因此也是最早实行转基因生物安全管理的国家。作为转基因棉花的种植大国，2017 年美国转基因棉花的种植面积为 458 万公顷，占棉花种植总面积的 96%。2017 年种植的转基因棉花包括 23.9 万公顷抗虫棉花，52.5 万公顷耐除草剂棉花，380 万公顷具有复合性状（抗虫耐除草剂）的棉花。

早在 1976 年，美国国立卫生研究院就制定颁布了《重组 DNA 分子研究准则》。1986 年，白宫科技政策办公室发布了《生物技术法规协调框架》，形成了转基因安全管理的基本框架，其核心目的是在保证公众健康的同时，确保生物技术产业的持续发展。美国对转基因生物安全管理主要是基于现行法规，没有专门为转基因生物安全管理立法，各相关部门在现行法律法规的基础上制定相应的管理条例和规定。

转基因生物安全管理是由美国农业部（USDA）、环境保护署（EPA）和 FDA 共同负责，USDA 主要依据 2000 年的《植物保护法案》管理种植安全，EPA 根据《联邦杀虫剂、杀真菌剂和杀啮齿动物药物法案》管理环境安全，FDA 主要依据《联邦食品、药品与化妆品法》管理食用安全。2002 年，美国公布了联邦法案 67FR50578，从而减少转基因作物在田间试验过程中，外源基因和转基因产品对种子、食品和饲料的混杂。法案制定的原则：一是转基因植物田间试验的控制措施应与转入蛋白和性状所带来的对环境、人体和动物的风险相一致；二是如果转入性状或蛋白存在不可接受或不能确定的风险，田间试验应严格控制杂交、种子混杂的发生，还有外源基因及其产物在任何水平对种子、食品和饲料的混杂；三是即使转入性状或蛋白不存在对环境或人体健康不可接受的风险，田间试验也要尽量减少杂交和种子混杂的发生，但外源基因及其产物可在法规允许的范围内，存在于种子、食品和饲料中。

目前，美国转基因作物的研发已经全面扩展到了农业用、药用和工业用领域，因此美国动植物卫生检疫局（AHPIS）对药用和工业用转基因植物管理法规做了修改。法规中明确规定此类转基因作物不再进行备案程序，只能通过许可程序进行田间试验。对于具体的情况，根据不同的个案，AHPIS 根据申请者的具体情况进行处理。

（三）巴　西

巴西是重要的转基因作物种植大国，也是仅次于美国的全球第二大转基因作物种植国。目前，巴西转基因作物种植面积越来越大，增长越来越快。2017年巴西转基因作物的种植面积达到5 020万公顷，转基因棉花种植面积达到94万公顷，占棉花种植总面积的84%。

巴西转基因生物安全管理法规体系由法律、法令和部门制定法规构成。其实早在1995年，巴西就公布了第一个关于转基因的法律：第8974号法，规定了基因工程技术的使用以及基因工程生物释放到环境的要求。2005年，巴西颁布了新的生物安全法：第11105号法，该法律在制度上建立了国家生物安全理事会（CNBS）、国家生物技术安全委员会（CTNBio）和国家生物安全政策（PNB），规定了管理和检验机构、内部生物安全委员会制度、内部生物安全委员会和公众及行政管理职责。同年，巴西发布了新的法令：第5591号法令，国家生物技术安全委员会根据新的法律和法令，于2006—2008年先后制定和颁布了6件标准规范决议；国家生物安全理事会于2008年发布了4个政策性文件。

（四）澳大利亚

2017年澳大利亚种植了92.4万公顷的转基因棉花和油菜，澳大利亚种植的转基因棉花占棉花种植面积的99%，其中复合性状转基因棉花占到96.2%。2018年6月，澳新食品标准局（FSANZ）批准孟山都澳大利亚公司关于转基因棉花MON88702用于食用的申请。

澳大利亚的基因技术管理办公室（OGTR）负责管理转基因生物的相关工作，澳新食品标准局（FSANZ）负责对利用转基因产品加工的食品进行上市前必要的安全评价工作。OGTR管理依据为2001年6月21日实施的《基因技术法案2000》，其目的是“通过鉴定基因技术产品是否带来或引进风险，以及对特定的转基因生物操作进行监管来管理这些风险，进而保护人民的健康和安全，保护环境”。在《基因技术法案2000》的基础上，由《基因技术管理条例2001》、澳大利亚政府和各州各地区间的《基因技术政府间协议2001》以及各州各地区的相应立法来支持。

根据法律规定，转基因生物试验，研制、生产、制造、加工转基因生物，转基因生物育种、繁殖，在非转基因产品生产过程中使用转基因生物，种植、养殖或组培转基因生物，进口、运输、处置转基因生物等活动，分为以下7种类型：免于管制活动（ED）、显著低风险活动（NLED）、非有意释放到环境中去的活动（DNIR）、有意释放到环境中去的活动（DIR）、转基因生物注册、无意活动和应急活动（EDD）。DNIR、DIR 和无意活动设置了行政许可，需要得到基因技术长官的授权。

对转基因植物、动物和微生物来源的食品，由 FSANZ 根据《澳大利亚/新西兰食品标准法典》进行监管并代表政府开展转基因食品的安全评价工作。

（五）阿根廷

自 1996 年批准转基因大豆产业化种植以来，阿根廷已经形成了比较完整的转基因作物产业化法律监管体系。2017 年阿根廷转基因棉花种植面积为 25 万公顷，在 2015 年停止种植单一抗虫的转基因棉花品种后，2017 年停止种植单一耐除草剂的转基因棉花，因此 2017 年转抗虫耐除草剂复合性状棉花品种占有率从 2016 年的 95%上升为 100%。阿根廷转基因作物产业化监管的法律体系主要包括法案、决议和条例 3 个层次，法律内容包括监管主体、机构和管线范围、内容和程序等。

1991 年阿根廷开始对转基因生物进行监管，出台了第 124/91 号决议，成立了国家农业生物技术咨询委员会（CONABIA），确定了 CONABIA 的管辖范围和程序，紧接着第 328/97 号决议规定了 CONABIA 成员任职资格。根据卫生部第 413/93 号决议，成立了国家生物技术与健康咨询委员会（CONBYSA）。通过第 1585/96 号条例，阿根廷组建了国家食品安全及质检服务局（SENASA），并确定其管辖权，第 289/97 号决议确定了 SENASA 对转基因食品的管辖权限；为使 SENASA 的决策更具科学性，第 1265/99 号决议成立了转基因生物技术咨询委员会（TAC）。第 289/97 号决议规定了国家农产品市场管理局（DNMA）的审查在转基因作物产业化前进行，第 131/98 号决议规定生产性试验的授权条件。18284 法案是阿根廷食品法典。第 60/2007 号决议规定了针对已获得商业化批准的品种，通过杂交育种获得的复合性状转基因植物的管理要求。第 763/2011 号决议确定了对转基因植物、动物和微生物管理的指导方针，第 701/2011 号决议补充了适用于未获得商业批准的转基因生物品种，包括监管下的试验许可和商业释放的环境风险分析。第 437/2012 号决议规定了申请者适应性、农业生态体系环境风险分析、生物安全获得等的管理要求，第 17/2013 号决议对转基因生物生产管理作出要求，第 498/2013 号决议对转基因种子标准和分类也做了规定。第 173/2015 号决议规定了有关生物改良新技术的管理，对新技术产品是否可被认作转基因产品的评估程序作出要求。

二、国外转基因生物安全管理体系

（一）印 度

1. 管理机构

印度转基因生物安全管理涉及多个部门和委员会，主要管理机构是环境林业部和生物技术部，具体是公共生物安全委员会（IBSC）、基因处理审查委员会（RCGM）、监督评价委员会（MEC）、基因工程评价委员会（GEAC）、重组 DNA 顾问委员会（RDAC）、国家生物技术协调委员会（SBCC）和地方级委员会（DLC）。

公共生物安全委员会（IBSC）制定转基因生物研究、使用和推广应用的操作指南，许可并监督所有在研的生物技术项目在受限环境中进行多点田间试验，为科研用转基因材料发放进口许可，负责 SBCC 和 DLC 的协调工作。

基因处理审查委员会（RCGM）从生物安全方面为研究和使用转基因产品制定指南，监控并审查所有在研转基因项目，到田间实地考察安全措施的有效性，为研究用转基因原始材料签发进口，组织转基因作物研究项目监控评价委员会相关工作。

监督评价委员会（MEC）监督评价田间试验、分析数据、检查设施设备，根据调查结果鉴定转基因作物的安全性和农艺性状，推荐给 RCGM 或 GEAC。

基因工程评价委员会（GEAC）负责评审并建议将何种转基因产品投入商业化应用，从环境安全方面批准转基因产品，向 RCGM 咨询与转基因产品相关的技术问题，批准转基因产品及其衍生产品进口用作食品、饲料加工原料，对违反转基因法案的行为作出惩罚。

重组 DNA 顾问委员会（RDAC）记录全国及全球生物科技发展动态，准备合适的转基因生物研究和应用的安全指导规范，准备 GEAC 需要的其他指导规范。

国家生物技术协调委员会（SBCC）负责对违反法律的情况进行检查、调查并处罚，对各机构许可的转基因生物定期检查安全性措施和控制措施。

地方级委员会（DLC）监管转基因生物使用的安全性法规的制定和应用，定期向 SBCC 和 GEAC 提交报告，评估释放的转基因生物造成的危害并对危害采取措施。

2. 审批流程

印度的所有转基因技术研究与应用机构都要成立 IBSC，负责审查本单位所有涉及转基因生物安全的研究和开发申请，并评价申请的研究水平和可操作性，审查合格后寻求 RCGM 的批准。

转基因植物的安全评价分为封闭试验、田间试验和农艺性状评价，其中封闭试验分为实验室和温室试验，是由 IBSC 批准审核。田间试验分为生物安全研究Ⅰ级试验和生物安全研究Ⅱ级试验，Ⅰ级试验由 RCGM 负责审批，Ⅱ级试验由 GEAC 负责审批。农艺性状评价需要在印度农业研究理事会（ICAR）或国立农业大学（SAU）督导下进行严格的田间农艺性状评价，RCGM 向 GEAC 推荐拟商业化的转基因作物。

申请单位向 GEAC 提交安全证书申请，GEAC 发放安全证书，批准商业化释放。转基因产品获得批准后，申请人根据相应的法律法规进行商用种子登记注册。

（二）美　国

1. 管理机构

美国转基因生物安全管理是由 USDA、EPA 和 FDA 共同负责。

农业部（USDA）下属的动植物卫生检疫局（AHPIS）的主要职责是管理转基因植物的种植、进口和运输，APHIS 采取两种程序来管理转基因生物安全：备案程序和许可程序。备案程序是为普通转基因作物提供最快捷的审批程序，主要针对那些满足 APHIS 标准，可以进行安全应用、基因插入稳定和蛋白表达不会引发植物病害的作物，备案程序可以使申请者快速获得批准。许可程序主要适用于不满足 APHIS 标准的作物，对数据充足的申请征询公众意见，USDA 负责裁定和公布决定。

EPA 管理的重点是转基因作物的杀虫特性及对环境和人类的安全，具体负责转基因作物安全管理的机构是生物杀虫剂污染防治处（BPPD）。EPA 的管理范围不是作物本身，而是转基因作物中含有的杀虫和杀菌等农药性质成分，对环境产生的影响。EPA 的管理方式有以下 5 种管理程序：实验用途许可、注册程序、注册程序豁免、食物中农药的限量和植物内置式农药监管。

FDA 长期负责美国食品和药品的安全问题，FDA 是一种自愿咨询程序，但美国几乎所有的转基因产品都会经过 FDA 的咨询。在转基因生物研发初期，FDA 建议新蛋白进行早期食品安全评估，若新蛋白被认定安全，则该蛋白被转入作物中后，不需再次进行早期食品安全评估。在生物技术产品上市前的通知阶段，申请人需提供《国际食品法典》（Codex）指南中要求的数据信息，其中食品添加剂安全办公室评价人类食品安全数据，兽药中心评估动物饲料的安全数据，有些作物还需提供内源性致敏原评估。经过一系列评估后，FDA撰写和公示咨询备忘录。

2. 审批流程

美国转基因技术安全管理的风险评估主要是转基因田间试验审批制度、转基因农药登记制度和转基因食品自愿咨询制度。

● 田间试验审批制度

美国农业部动植物卫生检疫局生物技术管理办公室（BRS）负责管理转基因生物的跨州转移、进口、田间试验和解除田间种植监管等活动。美国实行专职审查员制度，一般不借助于外围专家，受理、审查、发放批件等都在BRS完成。田间试验审批制度分为3种类型：一是简化审批程序，时限为30天；二是标准审批程序，时限120天；三是药用工业用转基因生物审批程序，时限120天。对于常规作物的审批，有效期限为1年，没有续申请。审批的重点是试验环境和安全控制措施。田间试验的评价内容由研发单位自行决定。解除田间种植监管状态的转基因作物方可大规模生产种植。

● 转基因农药登记制度

转基因农药登记制度由EPA负责，主要对植物内置式农药试验使用许可、登记和残留容许3种活动进行安全评价。残留容许可以分别与试验使用许可和农药登记同时申请。植物内置式农药的试验应用必须同时获得临时残留容许。农药登记资料主要包括产品特性、人类健康风险评价、基因漂移评价、对非靶标生物风险评价、环境流向评价、*Bt*作物抗性治理和植物内置式农药的益处。残留容许主要基于农药对人类健康风险评价资料，目前所有植物的内置式农药的残留容许均为残留免除。

● 转基因食品自愿咨询制度

美国转基因食品自愿咨询制度分为2个层次：一是转基因食品新表达蛋白的早期咨询制度，主要针对转基因食品新表达蛋白的过敏性和毒性，主要包括：新表达蛋白的名称、特性和功能，新表达蛋白的食用历史，遗传资料的特性和来源，新表达蛋白改造的目的及其影响，新表达蛋白与已知过敏原和有毒物质的氨基酸序列比对，新表达蛋白稳定性及其体外对酶降解的抗性。二是转基因食品上市前的咨询制度，同时针对新表达蛋白和转基因生物，新表达蛋白资料包括蛋白特性、来源、潜在毒性和过敏性、日常暴露量和营养组成等；转基因生物资料包括遗传稳定性、营养和有毒物质组成等。

（三）巴 西

1. 管理机构

巴西转基因生物安全管理机构包括国家生物安全理事会（CNBS）、国家生物安全技术委员会（CTNBio）以及政府相关部门等。

国家生物安全理事会（CNBS）负责制定和实施国家安全政策（PNB），主要职责有3个方面：一是制定国家法规和指南，为转基因生物安全行政管理部门提供工作依据；二是应国家转基因生物安全委员会的要求，分析转基因生物及产品商品应用的社会经济效益、机遇和国家利益；三是在尽可能参考国家转基因生物安全委员会意见基础上，征得国家转基因生物安全行政管理部门支持，负责决定是否批准转基因生物及产品商品化应用。

国家生物安全技术委员会（CTNBio）为咨询审议综合性团体，主要为联邦政府制定和实施国家转基因生物安全政策提供技术支持，在评价转基因生物及其产品对动植物和人类健康、环境风险基础上，建立关于批准转基因生物、产品研究和商业化应用的安全技术标准。此外，CTNBio还要跟踪生物安全、生物技术、生物伦理学以及相关领域的发展和科技发展。

政府相关部门中下属的行政管理机构及监测机构应与CTNBio技术观点、CNBS规则及法律法规提供的机制保持一致，主要责任为：检验从事转基因生物的研究性活动，检测和管理用于商业化生产的转基因生物产品，批准进口用作商品的转基因生物及其产品，及时在生物信息系统（SIB）刊登最新开展的转基因生物及其产品活动、项目机构和个人信息，向公众提供注册和批准信息，加强法律惩罚力度，辅助CTNBio制定生物安全评价参数。

任何使用基因工程技术的机构和开展转基因生物及产品研发的单位，都成立研发单位内部生物安全委员会（CIBio）。此外，国家建立生物安全信息发布制度，SIB系统发布与转基因生物及其产品相关的分析、批准、注册、监控和调查活动信息。

2. 审批流程

转基因生物及其产品经过国家生物安全理事会（CNBS）或国家生物安全技术委员会（CTNBio）批准后，相关部门负责安全管理。

巴西农牧业和食品供应部对种植业、畜牧业、农业生产以及相关领域的转基因生物及产品和活动的登记、审批和监管。环保部负责对释放到自然生态系统的转基因生物及产品的登记、审批和监管，对CTNBio认定的可以自然降解的转基因生物及产品颁发许可。卫生部负责登记和审批用于人类、药物、家庭清洁以及相关领域转基因生物及产品，并进行监管。水产养殖和渔业特别秘书处对水产养殖和渔业转基因生物及产品进行登记、审批和监管，并对发生的事故进行报告和通知。同时，CTNBio 具有部分审批权限，具体负责批准转基因生物及产品的研究实验和用于研究的转基因生物的进口。

（四）澳大利亚

1. 管理机构

澳大利亚的转基因生物安全主要的管理机构是基因技术管理办公室（OGTR）和澳新食品标准局（FSANZ）。OGTR 的主要职责是对转基因生物的室内研究和环境释放（包括田间释放和商业化种植）设定要求，并负责向公众发布有关受理转基因产品的申请、批准等信息。在《基因技术政府间协议 2001》中成立了基因技术部长理事会，对基因技术执行长官进行监管。对需要获得许可证的转基因生物，基因技术专家咨询委员会（GTTAC）、基因技术道德委员会（GTAC）和基因技术社会咨询委员会（GTCCC）向 OGTR 提供技术、科学建议、伦理和公众关注的建议等。当计划转基因生物的环境释放时，OGTR 咨询更广范围的专家组、利益相关者和公众。FSANZ 主要负责对利用转基因产品加工的食品进行上市前必要的安全评价工作，并设定食品安全标准和标识要求。

OGTR 在基因技术执行长官领导下管理转基因生物的研究、试验、生产、加工和进口活动。澳大利亚农药和兽药管理局负责来源于转基因生物化学农药和兽药的注册或管理，全国工业化学品通告和评价署负责源于转基因生物工业用化学品的注册或管理，治疗产品局和 FSANZ 负责源于转基因生物的治疗产品和转基因食品的注册或管理。

2. 审批流程

澳大利亚转基因生物安全评价主要有 OGTR 和 FSANZ 负责，转基因生物安全证书的申请主要分为非有意释放到环境中去的活动（DNIR）和有意释放到环境中去的活动（DIR）。DNIR 需要经过基因技术执行长官授权和 IBC 审查，准备风险评估和风险管理计划（RARMP），并需获得长官授权。DIR（商业化生产和田间试验），均需经过基因技术执行长官授权和 IBC 审查，经过 RARMP 咨询，最后获得长官授权。此外，无意活动也需要基因技术执行长官授权，但仅适用于处置转基因生物为目的的长官临时授权行为。

与基因技术相关活动的风险等级分为 4 个：风险忽略、低风险、中等风险、高风险。从事低风险的转基因生物研发、生产等活动，应当向 OGTR 报告，相关人员经过专门培训、单位及设施经过认证、相关活动经过本单位转基因生物安全委员会评价等。从事其他风险的转基因生物研发、生产等活动，经过 OGTR 许可后，再根据所从事的转基因活动性质和领域，分别向负责部门通报并申请启动项目，审查通过后，项目实施过程中受到主管部门监督。

（五）阿根廷

1. 管理机构

阿根廷对转基因作物产业化的最终决策机构是由农牧渔业和食品秘书处（SAGPyA）负责，下设国家农业生物技术咨询委员会（CONABIA）、食品安全及质检服务局（SENASA）和国家种子研究所（INASE）。此外，国家农产品市场管理局（DNMA）和国家生物技术与健康咨询委员会（CONBYSA）也参与转基因作物产业化的监督。

CONABIA 主要负责转基因生物环境风险评估，包括转基因生物实验室试验、温室试验、田间试验和环境释放的审查，并为 SAGPyA 的决策提供建议。CONABIA 的成员来自不同部门和行业，具有广泛的代表性和极强的专业性。

SENASA 负责食品安全和质量、动物健康产品和农药的监管。TAC 是 SENASA 的一个外部、多学科咨询机构，TAC 的成立增加了评估的专业性，也提高了食品安全审查的效率。SENASA 也负责动植物检疫法规的实施。

INASE 负责转基因作物产业化后期的种子登记工作。根据转基因新品种的不同，其注册登记需在不同的地点进行 2～3 年的田间比对试验，转基因作物的田间试验必须在通过环境安全评估后按照 CONABIA 规定的条件进行。TAC 对对比试验结果进行审查，并决定是否是一个新品种，获得授权后通过 INASE 登记注册。

DNMA 负责评估转基因作物产业化对阿根廷国际贸易可能产生的影响，下设的市场管理局负责通过 CONABIA 环境生物安全审批和 SENASA 食品生物安全审批后的市场来源审查，国际事务局处理与转基因国际贸易相关的事务。

通过生物技术方法生产的药品和其他人体健康相关的产品及转基因产品是由隶属于卫生部的国家药品、食品和医疗技术管理局（ANMAT）负责，CONBYSA 为 ANMAT 提供支撑。

2. 审批流程

科研机构进行实验研究并不必得到 CONABIA 的许可，只需向 CONABIA

报告其研究类型即可。一般实验研究前向CONABIA提出申请，CONABIA会进行审查，并提出具体建议，规定实验应具备的条件和遵守的规则。田间释放主要是批准温室和田间测试，是为了确定对环境影响的潜力不显著。进行充分的田间试验后，试验单位可向CONABIA申请实施生产性试验，其审批主要包括转基因作物的环境风险评估及食品安全性评价等。大规模释放的目的是表明转基因释放对环境的影响与非转基因对应物所产生的影响间差异不显著，这是转基因生物进行市场化的必要阶段。此后，在进行食品安全审查的同时，DNMA对转基因作物产业化进行市场分析。

阿根廷对转基因作物的产业化有严格的审批条件和程序，必须至少满足以下4个条件：一是通过CONABIA的环境风险评估，获得环境释放和生产性试验许可；二是符合SENASA的食品安全性评估；三是经DNMA的市场分析，确定对阿根廷市场的影响；四是获得SAGPyA的批准，并通过INASE的新品种登记。

第三节　我国转基因生物安全管理现状

我国对农业转基因生物，从实验研究、中间试验、环境释放、生产性试验和申请安全证书等5个阶段，均有严格的安全评价管理体系。2001年起，结合我国国情，先后制定了《农业转基因生物安全管理条例》《农业转基因生物安全评价管理办法》《农业转基因生物进口安全管理办法》《农业转基因生物标识管理办法》《农业转基因生物加工审批办法》《进出境转基因产品检验检疫管理办法》等一系列的法律法规、技术规则和管理体系，为我国转基因安全管理提供法律依据。这些条例规章的颁布实施，标志着我国农业转基因生物安全管理法律框架的基本形成，农业转基因生物安全管理进入法制化、规范化的管理轨道。

一、我国转基因生物安全管理政策

（一）一个《条例》

2001年5月23日中华人民共和国国务院令第304号公布《农业转基因生物安全管理条例》（以下简称“条例”），规定对农业转基因生物的研究、试验、生产、加工、经营和进出口以及产品标签等各个环节实施全面管理。2011年1月8日，根据《国务院关于废止和修改部分行政法规的决定》（国务院令第588号），条例进行了修订。2017年10月7日，根据《国务院关于修改部分行政法规的决定》（国务院令第687号），条例进行了再次修订。

（二）五个《办法》

1.《农业转基因生物安全评价管理办法》

为了加强农业转基因生物安全评价管理，保障人类健康和动植物、微生物安全，保护生态环境，根据《农业转基因生物安全管理条例》的有关规定，2002年1月5日农业部颁布《农业转基因生物安全评价管理办法》（农业部令第8号），并于2004年7月1日第一次修订（农业部令第38号），2016年7月25日再次修订（农业部令第7号），2017年11月30日第三次修订（农业部令第8号）。该办法评价的是农业转基因生物对人类、动植物、微生物和生态环境构成的危险或者潜在的风险。安全评价工作按照植物、动物、微生物3个类别以科学为依据，以个案审查为原则，实行分级分阶段管理。

2.《农业转基因生物标识管理办法》

为了加强对农业转基因生物的标识管理，规范农业转基因生物的销售行为，引导农业转基因生物的生产和消费，保护消费者的知情权，根据《农业转基因生物安全管理条例》的有关规定，2002年1月5日农业部颁布《农业转基因生物标识管理办法》（农业部令第10号），2004年7月1日修订（农业部令第38号），2017年11月30日再次修订（农业部令第8号）。实施标识管理的农业转基因生物目录，由国务院农业行政主管部门商国务院有关部门制定、调整和公布。凡是列入标识管理目录并用于销售的农业转基因生物，应当进行标识；未标识和不按规定标识的，不得进口或销售。

3.《农业转基因生物进口安全管理办法》

为了加强对农业转基因生物进口的安全管理，根据《农业转基因生物安全管理条例》的有关规定，2002年1月5日农业部颁布《农业转基因生物进口安全管理办法》（农业部令第9号），2004年7月1日修订（农业部令第38号），2017年11月30日再次修订（农业部令第8号）。适用于在中华人民共和国境内从事农业转基因生物进口活动的安全管理。

4.《农业转基因生物加工审批办法》

为了加强农业转基因生物加工审批管理，根据《农业转基因生物安全管理条例》的有关规定，2006年1月27日农业部颁布《农业转基因生物加工审批办法》（农业部令第59号）。该办法所称农业转基因生物加工，是指以具有活性的农业转基因生物为原料，生产农业转基因生物产品的活动。凡在中华人民共和国境内从事农业转基因生物加工的单位和个人，应当取得加工所在地省级人民政府农业行政主管部门颁发的《农业转基因生物加工许可证》。

5.《进出境转基因产品检验检疫管理办法》

为加强进出境转基因产品检验检疫管理，保障人体健康和动植物、微生物安全，保护生态环境，根据《中华人民共和国进出口商品检验法》《中华人民共和国食品安全法》《中华人民共和国进出境动植物检疫法》及其实施条例、《农业转基因生物安全管理条例》等法律法规的规定，2004年5月24日颁布《进出境转基因产品检验检疫管理办法》（国家质量监督检验检疫总局令第62号），2018年3月6日修正（国家质量监督检验检疫总局令第196号），2018年4月28日再次修正（海关总署令第238号），2018年11月23日第三次修正（海关总署令第243号）。本办法适用于对通过各种方式（包括贸易、来料加工、邮寄、携带、生产、代繁、科研、交换、展览、援助、赠送以及其他方式）进出境的转基因产品的检验检疫。

二、我国转基因生物安全管理体系

国务院建立了由农业、科技、环保、卫生、质检、食药等部门组成的农业转基因生物安全管理部际联席会议制度，研究、协调农业转基因生物安全管理工作中的重大问题；农业农村部设立了农业转基因生物安全管理办公室，负责全国农业转基因生物安全的日常管理工作；县级以上农业行政主管部门负责本行政区域转基因安全监督管理工作。我国已经形成了一整套适合我国国情并与国际接轨的法律法规、技术规程和管理体系，为我国农业转基因安全管理提供了有力保障。

三、我国转基因生物安全管理技术支撑体系

我国转基因生物安全管理技术支撑体系主要包括安全评价体系、标准体系和检测体系，分别对应三个机构。

（一）安全评价体系

农业农村部按照《农业转基因生物安全管理条例》的规定，由农业转基因生物安全部际联席会议成员单位推荐，聘任组建了国家农业转基因生物安全委员会（以下简称安委会），主要负责农业转基因生物的安全评价工作，为转基因生物安全管理提供技术咨询。安委会委员由从事农业转基因生物研究、生产、加工、检验检疫、卫生、环境保护等方面的专家组成。

（二）标准体系

农业农村部组建的国家农业转基因生物安全管理标准化技术委员会（以下简称标委会）主要负责转基因植物、动物、微生物及其产品的研究、试验、生产、加工、经营、进出口及与安全管理方面相关的国家标准制修订工作，对口食品法典委员会（CAC）的政府间特设生物技术食品工作组等技术组织与农业转基因生物安全管理有关的标准制定工作。

（三）检测体系

农业农村部建设了一批农业转基因生物安全监督检验测试机构，涵盖产品成分、环境安全、食用安全 3 个类别，为《条例》及其配套规章的实施提供了重要的技术保障。检测机构的主要职责：一是农业转基因生物安全管理和评价提供技术服务；二是承担农业农村部或申请人委托的农业转基因生物定性定量检验、鉴定和复查任务；三是出具检测报告，做出科学判断；四是研究检测技术与方法，承担或参与评价标准和技术法规的制修订工作。

四、我国转基因抗虫棉安全管理政策

在我国转基因抗虫棉推广 20 多年以来，为加强转基因抗虫棉的安全管理，促进产业化健康发展农业部先后于 2004 年 9 月 28 日、2008 年 2 月 25 日和 2011 年 12 月 14 日，出台了第 410 号、989 号和 1693 号等 3 份公告。2019 年 3 月 28 日，农业农村部农业转基因生物安全管理办公室根据修订的《农业转基因生物安全管理条例》，修改了转基因抗虫棉生产应用安全证书申报书格式，逐步完善、规范了转基因抗虫棉生产应用安全证书申请管理程序（梁晋刚等，2019）。

（一）适用范围的变化

上述3份公告中，将转基因抗虫棉品种（系）分为两大类型：已获得生产应用安全证书的转基因抗虫棉品种（系）（以下简称“类型1”）和利用已获得生产应用安全证书的转基因抗虫棉品种（系）通过常规育种选育的抗虫棉新品系（以下简称“类型2”）。

在第410号公告材料的转基因抗虫棉安全评价简化程序申报说明中，将我国植棉区按照生态条件主要划分为长江流域、黄河流域和西北内陆三大棉区，并将各大棉区包括的省（区、市）做了详细的限定。第410号公告对类型1安全证书的生态区分为“在同一生态区扩大应用”和“跨生态区生产应用”2种适用范围（表2-2），并分别界定为一次可直接申请同一生态区内多个省（区、市）和一个品种（系）可直接申请拟生产应用生态区内一个省（区、市）的安全证书；而对类型2安全证书的申请界定为一个品系可直接申请一个省（区、市）的安全证书。但是，第989号和1693号公告中仅说明类型1可直接申请所有适宜生态区的安全证书，类型2可直接申请适宜生态区的安全证书。

表2-2 转基因抗虫棉生产应用安全证书适用范围变化

类型	公告	申请安全证书范围	编号
类型1	第410号	可直接申请同一生态区内多个省（区、市）	1
		一个品种（系）可直接申请拟生产应用生态区内一个省（区、市）	2
	第989号	可直接申请所有适宜生态区	3
	第1693号	可直接申请所有适宜生态区	4
类型2	第410号	一个品系可直接申请一个省（区、市）	5
	第989号	可直接申请适宜生态区	6
	第1693号	可直接申请适宜生态区	7

3份公告中，第410号公告设置了生态区，而第989号和1693号公告没有限定生态区，仅对申请安全证书的适用范围简化为可直接申请（所有）适宜生态区。

（二）申报材料的变化

从3份公告的申报材料可以看出，安全证书申请所需的申报材料以及检测报告均随着时间的推移和转基因抗虫棉材料的变化发生了相应的改变。

- 安全证书申报材料的变化

在具体的申报材料要求中，申报书（表）和已取得的安全证书（复印件）均是必需的。第 989 号公告未限定生态区，而第 410 号和 1693 号公告限定了同一生态区扩大应用和跨生态区生产应用两种范围。因此，对于类型 1 申请安全证书时，不管是在同一生态区扩大应用还是跨生态区生产应用，均需要提供生产应用情况的总结报告（表 2–3）。类型 2 申请安全证书时，未明确说明是否需要总结报告，但是，在 410 号公告中，对于类型 2 已批准生产性试验，拟在 2005 年 3 月 31 日以前生产应用的，需要生产性试验审批书所要求提交的总结报告。

表 2–3　转基因抗虫棉生产应用安全证书申报材料的变化

编号*	总结报告	选育过程	检测机构	审查单位
1	已取得安全证书的抗虫棉品种（系）在原审批区域的生产应用情况	—	农业转基因生物技术检测机构	申请单位农业转基因生物小组、申请单位、申请所在省农业行政主管部门
2	同上	—	同上	同上
3	已取得生产应用安全证书的转基因抗虫棉生产应用情况	需要	—	申请单位农业转基因生物安全小组及申请单位
4	同上	同上	转基因抗虫棉技术检测机构	同上
5	—	同上	农业转基因生物技术检测机构	申请单位农业转基因生物小组、申请单位、申请所在省农业行政主管部门
6	—	同上	转基因抗虫棉技术检测机构	申请单位农业转基因生物安全小组及申请单位
7	—	同上	同上	同上

注：“*”表示与表 2–1 编号一致；“—”表示未做要求

转基因抗虫棉新品系的选育过程是十分重要的。因此，第 989 号和第 1693 号公告均需要提供类型 1 和类型 2 的选育过程；而第 410 号公告仅需要提供类型 2 的选育过程资料。

在申请安全证书时，3 份公告中均需要专门机构出具相应的检测报告。第 410 号公告对于类型 1 在同一生态区扩大应用和跨生态区生产应用的，均需要提供农业转基因生物技术检测机构检测/监测报告；第 989 号公告仅对于类型

2需要提供农业部（2018年3月更名为农业农村部，全书同）委托的转基因抗虫棉技术检测机构出具的检测报告，而第1693号公告对于类型1跨生态区生产应用和类型2均需要提供农业部委托的转基因抗虫棉技术检测机构出具的检测报告。但是，前两份公告对于提供检测报告的送检形式未做要求，第1693号公告要求提供的检测报告由农业部同一组织检测。

申报资料均需要进行相应的审核，在第410号公告中，申报资料需要提供申请单位农业转基因生物小组审查意见、申请单位意见及申请所在省农业行政主管部门审查意见；但第989号和1693号公告中的申报资料中，仅需要提供申请单位农业转基因生物小组审查意见和申请单位意见，简化了申请程序。

从安全证书准备的申报材料来看，申报书（表）和已获得的转基因抗虫棉生产应用安全证书是必需的；若有类型1和类型2的总结报告和选育过程，均需要提供相应的资料；对于类型1跨生态区生产应用的和类型2也需要提供检测报告，并由原农业部统一组织（表2-3）。此外，简化了材料审批程序，仅需要申请单位农业转基因生物小组审查和申请单位意见。

- 安全证书所需检测报告的变化

在第410号公告中，需要提供类型2的特征特性和目的基因分子检测报告。但类型1在同一生态区扩大应用时，需农业转基因生物技术检测机构出具的在生产应用区域对靶标害虫抗性效率的监测报告；跨生态区应用时，除提供对靶标害虫抗性效率的监测报告，还需要拟申报省份所在的生态区内对靶标害虫抗性效率检测报告（表2-2）。而类型2需要检测机构出具在拟申报省份所在生态区内该转基因抗虫棉新品系对靶标害虫抗性效率检测报告、拟申报省份所在生态区内该转基因抗虫棉新品系的抗虫稳定性和纯合度的生测报告。

在第989号公告中，类型1不需要检测报告，类型2需要农业部委托的转基因抗虫棉技术检测机构出具转基因抗虫棉对靶标害虫抗虫性的生测报告。而第1693号公告中，类型1申请在同一生态区应用的，不需要检测报告。但是，类型1在跨生态区生产应用和类型2均需要提供农业部委托农业部科技发展中心组织的转基因抗虫棉技术检测机构出具的转基因抗虫棉对靶标害虫抗虫性的生测报告。

3份公告对转基因抗虫棉杀虫蛋白表达含量的检测报告均有限定。第410号公告中，类型1跨生态区生产应用的和类型2需提供农业转基因生物技术检测机构出具的在拟申报省份所在生态区内该抗虫棉品种（系）苗期、蕾期和铃期棉花叶片、棉蕾和棉铃中杀虫蛋白表达含量的检测报告。同样，在第

1693 号公告中，类型 1 跨生态区生产应用的和类型 2 需要提供农业部委托农业部科技发展中心组织的转基因抗虫棉技术检测机构出具的新选育的转基因抗虫棉在苗期、蕾期和铃期棉花叶片、棉蕾和棉铃中杀虫蛋白表达量的检测报告。

但是，在第 989 号公告中，仅类型 2 需提供农业部委托的转基因抗虫棉技术检测机构出具的新选育的转基因抗虫棉在苗期、蕾期和铃期棉花叶片、棉蕾和棉铃中杀虫蛋白表达量的检测报告。

从转基因抗虫棉生产应用安全证书申请所需检测报告变化看出，随着申请安全证书适用范围的简化，需要提供的检测报告也在减少（表 2-4）。第 410 号公告对检测报告进行了详细的规定，而第 989 号公告明确规定类型 1 不需要检测报告，第 1693 号公告也规定类型 1 在同一生态区生产应用，不需要检测报告。此外，第 1693 号公告中规定，申请安全证书需要提供检测报告的，由原农业部统一组织检测，明确规定了送检程序。

表 2-4 转基因抗虫棉生产应用安全证书申请需技术检测机构出具的检测报告变化

编号	检测报告类型		
	材料特异性检测	抗虫性相关检测（监测）	杀虫蛋白表达量测定结果
1	—	在生产应用区域对靶标害虫抗性效率的监测报告	—
2	—	在生产应用区域对靶标害虫抗性效率的监测报告和拟申报省份所在的生态区内对靶标害虫抗性效率检测报告	在拟申报省份所在生态区内该抗虫棉品种（系）苗期、蕾期和铃期棉花叶片、棉蕾和棉铃中杀虫蛋白表达含量的检测报告
3	—	—	—
4	—	对靶标害虫抗虫性的生测报告	新选育的转基因抗虫棉在苗期、蕾期和铃期棉花叶片、棉蕾和棉铃中杀虫蛋白表达含量的检测报告
5	所申请的转基因抗虫棉新品系的特征特性和目的基因分子检测报告	在拟申报省份所在生态区内该转基因抗虫棉新品系对靶标害虫抗性效率检测报告、抗虫稳定性和纯合度的生测报告	同上
6	—	对靶标害虫抗虫性的生测报告	新选育的转基因抗虫棉在苗期、蕾期和铃期棉花叶片、棉蕾和棉铃中杀虫蛋白表达含量的检测报告
7	—	同上	同上

注：“*”表示与表 1 编号一致；“—”表示未做要求

五、我国转基因抗虫棉检测标准体系

转基因抗虫棉安全评价检测标准体系建设已趋于完善，已发布转基因抗虫棉环境安全评价检测标准 4 项，转基因植物及其产品成分检测标准 15 项（棉花），其中特异基因成分检测标准 7 项，转化体成分检测标准 8 项（表 2-5）。

转基因抗虫棉环境安全评价检测依据：《转基因植物及其产品环境安全检测 抗虫棉花 第 1 部分：对靶标害虫的抗虫性》（农业部 1943 号公告-3-2013），《转基因植物及其产品环境安全检测 抗虫棉花 第 2 部分：生存竞争能力》（农业部 953 号公告-12. 2-2007），《转基因植物及其产品环境安全检测 抗虫棉花 第 3 部分：基因漂移》（农业部 953 号公告-12. 3-2007），《转基因植物及其产品环境安全检测 抗虫棉花 第 4 部分：生物多样性影响》（农业部 953 号公告-12. 4-2007）。

转基因棉花基因成分检测依据：《转基因植物及其产品成分检测 抗虫转 *Bt* 基因棉花定性 PCR 方法》（农业部 1485 号公告-11-2010），《转基因植物及其产品成分检测 *CP4-epsps* 基因定性 PCR 方法》（农业部 1861 号公告-5-2012），《转基因植物及其产品成分检测 *bar* 或 *pat* 基因定性 PCR 方法》（农业部 1782 号公告-6-2012），《转基因植物及其产品成分检测 *CpTI* 基因定性 PCR 方法》（农业部 1782 号公告-7-2012），《转基因植物及其产品成分检测 棉花内标准基因定性 PCR 方法》（农业部 1943 号公告-1-2013），《转基因植物及其产品成分检测 转 *cry1A* 基因抗虫棉花构建特异性定性 PCR 方法》（农业部 1943 号公告-2-2013），《转基因植物及其产品成分检测 抗虫转 *Bt* 基因棉花外源蛋白表达量检测技术规范》（农业部 1943 号公告-4-2013）。

转基因棉花转化体成分检测依据：《转基因植物及其产品成分检测除草剂棉花 MON14455 及其衍生品种定性 PCR 方法》（农业部 1485 号公告-1-2010），《转基因植物及其产品成分检测 耐除草剂棉花 LLcotton25 及其衍生品种定性 PCR 方法》（农业部 1485 号公告-10-2010），《转基因植物及其产品成分检测 耐除草剂棉花 MON88913 及其衍生品种定性 PCR 方法》（农业部 1485 号公告-12-2010），《转基因植物及其产品成分检测 抗虫棉花 MON15985 及其衍生品种定性 PCR 方法》（农业部 1485 号公告-13-2010），《转基因植物及其产品成分检测 耐除草剂棉花 GHB614 及其衍生品种定性 PCR 方法》（农业部

1861 号公告-6-2012），《转基因植物及其产品成分检测 抗虫棉花 COT102 及其衍生品种定性 PCR 方法》（农业部 2630 号公告-8-2017），《转基因植物及其产品成分检测 抗虫耐除草剂棉花 GHB119 及其衍生品种定性 PCR 方法》（农业农村部公告第 111 号-3-2018），《转基因植物及其产品成分检测 抗虫耐除草剂棉花 T304-40 及其衍生品种定性 PCR 方法》（农业农村部公告第 111 号-4-2018）。转基因棉花安全检测标准详见表 2-5。

表 2-5　转基因棉花安全检测标准

序号	公告	名称	发布日期	实施日期
转基因植物及其产品环境安全检测抗虫棉花				
1	农业部 1943 号公告-3-2013	第 1 部分：对靶标害虫的抗虫性	2013-05-23	2013-05-23
2	农业部 953 号公告-12.2-2007	第 2 部分：生存竞争能力	2007-12-18	2008-03-01
3	农业部 953 号公告-12.3-2007	第 3 部分：基因漂移	2007-12-18	2008-03-01
4	农业部 953 号公告-12.4-2007	第 4 部分：生物多样性影响	2007-12-18	2008-03-01
转基因植物及其产品成分检测特异转基因成分				
1	农业部 1485 号公告-11-2010	抗虫转 *Bt* 基因棉花定性 PCR 方法	2010-11-15	2011-01-01
2	农业部 1782 号公告-6-2012	*bar* 或 *pat* 基因定性 PCR 方法	2012-06-06	2012-09-01
3	农业部 1782 号公告-7-2012	*CpTI* 基因定性 PCR 方法	2012-06-06	2012-09-01
4	农业部 1861 号公告-5-2012	*CP4-epsps* 基因定性 PCR 方法	2012-11-28	2013-01-01
5	农业部 1943 号公告-1-2013	棉花内标准基因定性 PCR 方法	2013-05-23	2013-05-23
6	农业部 1943 号公告-2-2013	转 *cry1A* 基因抗虫棉花构建特异性定性 PCR 方法	2013-05-23	2013-05-23
7	农业部 1943 号公告-4-2013	抗虫转 *Bt* 基因棉花外源蛋白表达量检测技术规范	2013-05-23	2013-05-23
转基因植物及其产品成分检测转化体成分				
1	农业部 1485 号公告-1-2010	耐除草剂棉花 MON14455 及其衍生品种定性 PCR 方法	2010-11-15	2011-01-01
2	农业部 1485 号公告-10-2010	耐除草剂棉花 LLcotton25 及其衍生品种定性 PCR 方法	2010-11-15	2011-01-01

（续表）

序号	公告	名称	发布日期	实施日期
3	农业部 1485 号公告-12-2010	耐除草剂棉花 MON88913 及其衍生品种定性 PCR 方法	2010-11-15	2011-01-01
4	农业部 1485 号公告-13-2010	抗虫棉花 MON15985 及其衍生品种定性 PCR 方法	2010-11-15	2011-01-01
5	农业部 1861 号公告-6-2012	耐除草剂棉花 GHB614 及其衍生品种定性 PCR 方法	2012-11-28	2013-01-01
6	农业部 2630 号公告-8-2017	抗虫棉花 COT102 及其衍生品种定性 PCR 方法	2017-12-25	2018-06-01
7	农业农村部公告第 111 号-3-2018	抗虫耐除草剂棉花 GHB119 及其衍生品种定性 PCR 方法	2018-12-19	2019-06-01
8	农业农村部公告第 111 号-4-2018	抗虫耐除草剂棉花 T304-40 及其衍生品种定性 PCR 方法	2018-12-19	2019-06-01

第四节　我国转基因抗虫棉安全评价现状

自 1997 批准转基因抗虫棉商业化生产以来，我国转基因抗虫棉产业蓬勃发展，在转基因抗虫棉安全评价与监管方面取得了丰富的经验。转基因抗虫棉的安全评价主要包括分子特征验证、环境安全评价、食用安全评价等，均具有具体的标准方法可供借鉴。

一、分子特征验证

我国批准的转基因抗虫棉主要含有 *Cry1Ac* 基因、*Cry1Ab/Ac* 基因、*CpTI* 基因、*API* 基因，对于含有新型基因的转基因棉花，需按照《农业转基因生物安全评价管理办法》《转基因植物安全评价指南》的要求，分级分阶段从基因水平、转录水平和翻译水平，提供外源插入序列的整合和表达情况相关资料。

对于已获得生产应用安全证书的转基因抗虫棉品种（系）通过常规育种选育的抗虫棉新品系，需按照相关要求，提供对 *Bt* 基因、*CpTI* 基因、*bar* / *pat* 基因、*CP4-epsps* 基因和 *cry1Aa* /*7S* 构建特异性序列的检测资料。主要依托标准有《转基因植物及其产品成分检测抗虫转 *Bt* 基因棉花定性 PCR 方法》

（农业部 1485 号公告-11-2010），《转基因植物及其产品成分检测 *CpTI* 基因定性 PCR 方法》（农业部 1782 号公告-7-2012），《转基因植物及其产品成分检测 *bar* 或 *pat* 基因定性 PCR 方法》（农业部 1782 号公告—6-2012），《转基因植物及其产品成分检测 *CP4-epsps* 基因定性 PCR 方法》（农业部 1861 号公告-5-2012）和《转基因植物及其产品成分检测转 *cry1A* 基因抗虫棉花构建特异性定性 PCR 方法》（农业部 1943 号公告-2-2013）

二、环境安全评价

转基因抗虫棉的环境安全评价主要包括对靶标害虫的抗虫性、生存竞争能力、基因漂移、生物多样性影响等的检测，自 2007 年已经发布了标准方法用来检测转基因棉花的环境安全性。

（一）对靶标害虫的抗虫性

转基因抗虫棉外源蛋白的表达量直接影响抗虫棉的抗虫效果，但受环境因素和外源杀虫蛋白表达量检测技术的制约，现有技术检测出的外源杀虫蛋白表达量并不能很好地反映出抗虫棉的实际抗虫效果，所以还需要使用生物测定的方法检测抗虫棉对靶标害虫抗虫性，与外源杀虫蛋白表达量检测相互补充。

2007 年，由农业部科技发展中心和中国农业科学院棉花研究所负责制定了《转基因植物及其产品环境安全检测 抗虫棉花 第 1 部分：对靶标害虫的抗虫性》，并于 2008 年 3 月实施，标准号为“农业部 953 号公告-12. 1-2007”。该标准的实施对于保证抗虫棉的安全应用和持续利用，保护生态环境发挥了重要作用，同时对于促进抗虫棉的产业化起到了重要作用。2013 年农业部对《转基因植物及其产品环境安全检测 抗虫棉花 第 1 部分：对靶标害虫的抗虫性》标准进行修订，并于 2013 年发布实施，标准号为“农业部 1943 号公告-3-2013”。对靶标害虫的抗虫性检测主要是生物测定、抗性稳定性与纯合度生物测定、抗虫效率田间检测三部分。

（二）生存竞争能力

在自然条件下，评价转基因植物与受体关于种子活力、种子休眠特性、越冬越夏能力、抗病能力、生长势、生育期、产量、落粒性等适合度变化与杂草化风险评估等试验。目前，转基因抗虫棉生存竞争能力检测主要评估其变为杂草的可能性、转基因抗虫棉与非转基因抗虫棉及杂草在荒地和农田中的竞争能力。

2007年，由农业部科技发展中心、中国农业科学院棉花研究所和中国农业科学院植物保护研究所负责制定了《转基因植物及其产品环境安全检测 抗虫棉花 第2部分：生存竞争能力》，并于2008年3月实施，标准号为“农业部953号公告-12.2-2007”。对转基因抗虫棉的生存竞争能力检测作出了规范的操作方法。转基因抗虫棉的生存竞争能力检测主要包括荒地生存竞争能力测定、栽培地生存竞争能力测定和对自生苗进行生物学或分子生物学检测等。

（三）基因漂移

开展转基因植物基因漂移研究和评价的主要目的是明确其基因漂移的规律，防止和控制外源基因在生态系统中扩散到其他非转基因植物之中。

农业部科技发展中心、中国农业科学院棉花研究所和中国农业科学院植物保护研究所，于2007年负责制定了《转基因植物及其产品环境安全检测 抗虫棉花 第3部分：基因漂移》，并于2008年3月实施，标准号为“农业部953号公告-12.3-2007”。对转基因抗虫棉外源基因漂移的检测作出了规范的操作方法，主要检测转基因抗虫棉外源基因漂移距离和不同距离的漂移率。

（四）生物多样性影响

根据转基因植物与外源基因表达蛋白的特异性和作用机理，有选择地对相关动物群落、植物群落和微生物群落结构和多样性的影响，以及转基因植物生态系统下病虫害等有害生物地位演化进行风险评估分析。

2007年，由农业部科技发展中心、中国农业科学院棉花研究所和中国农业科学院植物保护研究所负责制定了《转基因植物及其产品环境安全检测 抗虫棉花 第3部分：生物多样性影响》，并于2008年3月实施，标准号为“农业部953号公告-12.4-2007”。对转基因抗虫棉花棉田生物多样性的检测作出了规范的操作方法。目前，转基因抗虫棉生物多样性影响检测主要是对棉田节肢动物多样性、靶标害虫和主要非靶标害虫及其天敌种群数量、土壤微生物群落、棉花主要病害的影响等。

三、食用安全评价

转基因产品的食品安全性评价是全球关注的热点问题，棉子蛋白和棉子油是仅次于大豆的植物蛋白和植物油源，因此转基因棉花的食用安全评价十分重要。目前，关于转基因农产品食用安全性的评价主要包括营养学评价、新表达蛋白和全食品的毒理学评价、致敏性评价和免疫安全性评价，并结合期望效应和非期望效应进行综合性评价。

关于转基因抗虫棉食用安全检测中抗营养因子检测现行有两个标准，是由中国疾病预防控制中心营养与食品安全所、农业部科技发展中心、中国农业大学、天津市卫生防病中心负责制定的《转基因植物及其产品食用安全检测 抗营养素　第 1 部分：植酸、棉酚和芥酸的测定》《转基因植物及其产品食用安全检测 抗营养素　第 2 部分：胰蛋白酶抑制剂的测定》《转基因植物及其产品食用安全检测 大鼠 90d 喂养试验》，并于 2006 年 10 月实施，标准号分别为“NY/T 1103. 1-2006 和 NY/T 1103. 2-2006”。

营养利用率评价有一个标准，是由农业部科技发展中心、中国疾病预防控制中心营养与食品安全所、中国农业大学负责制定的《转基因植物及其产品食用安全检测 蛋白质功效比试验》，于 2013 年 12 月实施，标准号为“农业部 2031 号公告-15-2013”。

毒理学评价有两个标准，是由中国疾病预防控制中心营养与食品安全所、农业部科技发展中心、中国农业大学、天津市卫生防病中心负责制定的《转基因植物及其产品食用安全检测　大鼠 90d 喂养试验》和农业部科技发展中心、中国农业大学、国家食品安全风险评估中心负责制定的《转基因生物及其产品食用安全检测 蛋白质经口急性毒性试验》，分别在 2006 年 10 月和 2013 年 12 月实施，标准号分别为“NY/T 1102—2006 和农业部 2031 号公告-16-2013”。

致敏性评价有四个标准，是由农业部科技发展中心、中国农业大学负责制定的《转基因植物及其产品食用安全检测 模拟胃肠液外源蛋白质消化稳定性试验方法》《转基因植物及其产品食用安全检测　外源蛋白质过敏性生物信息学分析方法》《转基因生物及其产品食用安全检测　挪威棕色大鼠致敏性试验方法》和农业部科技发展中心、中国农业大学、中国疾病预防控制中心营养与食品安全所负责制定的《转基因生物及其产品食用安全检测 蛋白质热稳定性试验》，分别于 2007 年 8 月、2011 年 1 月、2012 年 9 月、2013 年 12 月实施，标准号分别为“农业部 869 号公告-2-2007、农业部 1485 号公告-18-2010、农业部 1782 号公告-13-2012、农业部 2031 号公告-17-2013”。

等同性分析有三个标准，是由农业部科技发展中心、中国农业大学负责制定的《转基因植物及其产品食用安全检测 外源基因异源表达蛋白质等同分析导则》《转基因生物及其产品食用安全检测 蛋白质氨基酸序列飞行时间质谱分析方法》和农业部科技发展中心、中国农业大学、中国疾病预防控制中心营养与食品安全所负责制定的《转基因生物及其产品食用安全检测 蛋白质糖基化高碘酸希夫染色试验》，并分别于2011年1月、2012年9月、2013年12月实施，标准号为“农业部1485号公告-17-2010、农业部1782号公告-12-2012、农业部2031号公告-18-2013”。

参考文献

常改，李静，杨溢，等.2005. 转基因抗虫棉籽油营养与卫生质量评价［J］. 中国公共卫生，21（10）：1 253-1 254.

陈超，展进涛，廖西元.2007. 国外转基因生物安全管理分析及其启示［J］. 中国科技论坛（9）：112-115.

杜绍菊.2018. 农业转基因生物安全管理模式探索［J］. 农业与技术，38（8）：62.

段冰，李汝忠，张琮，等.2018. 我国2012 — 2016年转基因抗虫棉安全证书发放情况评析［J］. 中国棉花，45（9）：1-5.

樊龙江，周雪平，胡秉民，等.2001. 转基因植物的基因漂流风险［J］. 应用生态学报（4）：630-632.

冯亮.2012. 转基因生物风险监管体系的研究［D］. 武汉理工大学.

冯楚建，王仁武，闫云君.2003. 澳大利亚生物安全研究与法制化管理考察总结［J］. 科技与法律（3）：49-53.

郭三堆，王远，孙国清，等.2015. 中国转基因棉花研发应用二十年［J］. 中国农业科学，48（17）：3 372-3 387.

郭铮蕾，汪万春，饶红，等.2015. 欧盟转基因生物安全管理制度分析［J］. 食品安全质量检测学报，6（11）：4 277-4 284.

国际农业生物技术应用服务组织.2018. 2017年全球生物技术/转基因作物商业化发展态势［J］. 中国生物工程杂志，38（6）：1-8.

韩芳，史玉民.2014. 印度公众对转基因作物政策制定的影响和参与［J］. 科技管理研究，34（13）：26-29，34.

韩梅.2007. 农业转基因生物安全管理现状及对策［J］. 江苏农业科学(6)：282-284.

黄大昉.2015. 我国转基因作物育种发展回顾与思考［J］. 生物工程学报，31（6）：892-900.

康宇立，朱涛，麻晓春.2018. 中美转基因生物安全监管体系对比［J］. 生命世界（9）：6-7.

寇建平.2015. 国外转基因知多少［M］. 北京：中国农业出版社.

李宁，魏启文，刘培磊，等 . 2005. 巴西转基因生物及其产品安全管理考察报告［J］. 农业科技管理（6）：52–54.
李铁军，李德全 . 2010. 发达国家农业转基因生物安全监管及其启示［J］. 生态经济（学术版）（1）：116–119，127.
李翔宇 . 2013. 我国农业转基因生物安全管理法研究［D］. 中国海洋大学 .
梁晋刚，王丽，朱香镇，等. 2019. 中国转基因抗虫棉安全评价检测制度变化分析［J］. 中国棉花，46（01）：9–13.
刘莉，周俊青，刘少坤 . 2008. 我国农业转基因生物安全管理体系概述［J］. 种子世界，（10）：10，16.
刘谦，朱鑫泉 . 2001. 生物安全［M］. 北京：科学出版社.
刘强 . 2014. 美国转基因生物监管机制探究［J］. 安徽农业科学，42（36）：12 829–12 832.
刘培磊，李宁，周云龙 . 2009. 美国转基因生物安全管理体系及其对我国的启示［J］. 中国农业科技导报，11（5）：49–53.
刘培磊，徐琳杰，叶纪明，等 . 2014. 我国农业转基因生物安全管理现状［J］. 生物安全学报，23（4）：297–300+213.
刘旭霞，英玢玢 . 2015. 印度转基因生物安全监管的法律思考［J］. 安徽农业大学学报（社会科学版），24（4）：73–79.
刘银良 . 2015. 美国转基因生物技术治理路径探析及其启示［J］. 法学（9）：139–149.
农业部 . 中华人民共和国农业部公告第 1693 号［EB/OL］.（2011–12–16）. http：//www. moa. gov. cn/zwllm/tzgg/gg/201112/t20111216_ 2437054. htm.
农业部 . 中华人民共和国农业部公告第 410 号［EB/OL］.（2004–10–07）. http：//www. moa. gov. cn/zwllm/tzgg/gg/200410/t20041020_ 255835. htm.
农业部 . 中华人民共和国农业部公告第 989 号［EB/OL］.（2008–02–26）. http：//www. moa. gov. cn/zwllm/tzgg/gg/200802/t20080226_ 978918. htm.
农业部科技发展中心 . 2015. 农业转基因生物安全标准［M］. 2015 版 . 北京：中国农业出版社 .
欧阳华 . 2006. 转基因生物技术安全管理研究［D］. 武汉理工大学 .
祁潇哲，贺晓云，黄昆仑 . 2013. 中国和巴西转基因生物安全管理比较［J］. 农业生物技术学报，21（12）：1 498–1 503.
钱江江，周宇欣 . 2018. 转基因生物技术安全管理措施［J］. 经营与管理（2）：151–153.
邱忠礼，孙娜，王静，等 . 2011. 转基因棉籽亚慢性毒性的研究［J］. 现代生物医学进展，11（12）：2 215–2 220.
沈法富，韩秀兰，范术丽 . 2004. 转 *Bt* 基因抗虫棉根际微生物区系和细菌生理群多样性的变化［J］. 生态学报（3）：432–437.

沈平，章秋艳，张丽，等 . 2016. 我国农业转基因生物安全管理法规回望和政策动态分析 [J]. 农业科技管理，35 (6)：5-8.

孙彩霞，汪莹，吴晓菲，等 . 2012. 转基因抗虫棉棉籽组分的代谢组学研究 [J]. 中国生物工程杂志，32 (11)：35-41.

唐茂芝，黄昆仑，周可，等 . 2006. 转基因棉籽的食用安全性及对大鼠抗氧化系统影响的研究 [J]. 食品科学 (6)：216-219.

王长永，刘燕，周骏，等 . 2017. 花粉介导的转 *Bt* 基因棉花田间基因流监测 [J]. 应用生态学报，18 (4)：801-806.

王明远 . 2007. 转基因生物安全监管模式及我国转基因生物安全立法研究 [J]. 上海交通大学学报 (农业科学版) (2)：169-172.

王友华，孙国庆，连正兴 . 2015. 国内外转基因生物研发新进展与未来展望 [J]. 生物技术通报，31 (3)：223-230.

王志坤，李文滨 . 2016. 国际、国内转基因生物安全管理 [J]. 大豆科技 (2)：1-2.

旭日干，范云六，戴景瑞等 . 2012. 转基因 30 年实践 (第二版) [M]. 北京：中国农业科学技术出版社 .

杨崇良，路兴波，张君亭 . 2005. 世界农业转基因生物、产品研发及其安全性监管Ⅲ. 农业转基因生物及其产品安全评价与管理 [J]. 山东农业科学 (3)：67-70.

杨桂玲，张志恒，袁玉伟，等 . 2011. 澳大利亚转基因食品溯源管理体系研究 [J]. 江苏农业科学，39 (4)：371-374.

杨雄年 . 2018. 转基因政策 [M]. 北京：中国农业科学技术出版社 .

叶盛荣 . 2011. 发达国家转基因生物安全监管的立法分析 [J]. 中南林业科技大学学报，31 (7)：68-71，85.

张安红，吴家和，罗晓丽，等 . 2005. 转双抗虫基因高产棉花新品种——晋棉 38 [J]. 中国棉花，32 (2)：23.

张宝红，郭腾龙，王清连 . 2000. 转基因棉花的遗传研究 [J]. 生命科学研究，4 (2)：136-142.

赵晖 . 2007. 中美两国对转基因生物产品法律管制的比较研究 [D]. 对外经济贸易大学.

Alexandre Lima Nepomuceno，Mauricio Antonio Lopes，Flavio Finardi-Filho，*et al*. 2014. 巴西生物安全立法与转基因作物的应用 [J]. 华中农业大学学报，33 (6)：40-45.

And S A T，Vidaver A K. 1989. Guidelines and Regulations for Research with Genetically Modified Organisms：A View from Academe [J]. Annual Review of Phytopathology，27 (1)：551-581.

Beever，D. Ev，and C. F. Kemp. 2000. Safety issues associated with the DNA in animal feed derived from genetically modified crops. A review of scientific and regulatory procedures. In：Nutrition Abstracts and Reviews. Series A，Human and Experimental. 70 (3)：197-204.

Boccia, Flavio; Sarnacchiaro, Pasquale. 2013. The Italian Consumer and Genetically Modified Food. Quality-Access to Success, 14: 136.

David Q. Cliapela I H. 2001. Transgenic DNA introgressed into traditional maize landraces in Oaxaca Mexico [J]. Nature, 414: 541-543.

Devos Y, Ortiz-García S, Hokanson K E, *et al*. 2018. Teosinte and maize×teosinte hybrid plants in Europe-Environmental risk assessment and management implications for genetically modified maize [J]. Agriculture Ecosystems & Environment, 259: 19-27.

Kulikov A M. 2005. Genetically modified organisms and risks of their introduction [J]. Russian Journal of Plant Physiology, 52 (1): 99-111.

NEWELL, Peter. 2008. Lost in translation? Domesticating global policy on genetically modified organisms: comparing India and China. Global Society, 22 (1): 115-136.

Trevors J T, Kuikrnan P, Watson B. 1994. Transgenic plants and biogeochemical cycles [J]. Molecular Ecology, 3 (1): 57-64.

第三章　我国转基因抗虫棉安全评价检测成效

20 多年来，我国转基因棉花研究与应用取得了骄人的成绩，培育出多个转基因抗虫棉品种，并在全国范围内推广种植，为棉花产业的发展和改善生态环境作出了巨大贡献。而我国转基因抗虫棉安全评价检测为转基因抗虫棉的生产应用起到了保驾护航的作用。

从 1999 年至 2013 年，国产抗虫棉的市场占有率从 5%逆转为 98%，累计推广面积超过 3 000 万 hm^2，打破了国外对抗虫棉的垄断（黄季焜等，2010），促进了我国棉花生产和种子产业发展，同时推动了棉花遗传育种研究（Dong 等，2004；Pray 等，2002）。转基因抗虫棉具有较强的亲和性和优势互补性，运用转基因生物育种技术，选育出一系列的转基因抗虫杂交棉新品种，促进了我国杂交棉产业化的进程（倪万潮等，2012），同时完善了棉花产业的育种体系。

国产转基因抗虫棉从 1998 年开始审定，其中由中国农业科学院棉花研究所培育的中棉所 38（GKZ6）是第一个国审抗虫棉品种，为转基因棉花品种培育和生产推广迈开了步伐。随着我国自主研发的转基因抗虫棉逐渐成熟，通过审定的国产抗虫棉的品种数量和种植面积逐年提高。目前，国内抗虫棉在黄河流域、长江流域棉区形成了不同熟期不同类型合理搭配、常规棉与杂交棉并重的品种体系。

国内从事抗虫棉的品种选育工作不仅有科研单位、大专院校，还有一批专业从事棉种或以棉种为主的育繁推一体化的种业公司和民营企业，使得抗虫棉品种的选育更贴近市场的需求，加快了品种选育和推广的步伐（苏岳静等，2004）。

一、黄河流域形成的棉花品种（系）

（一）审定的品种数量

黄河流域是我国植棉面积最大的产棉区，其中河南省、河北省、山东省、山西省、陕西省等是主要植棉省。根据不同的生态条件、生产布局及品种生育特点，5个主要植棉省2007—2018年通过审定的有401个转基因抗虫棉品种（系）（表3-1），其中通过国家审定89个、各省审定312个。其中河南、河北、山东审定的转基因抗虫棉品种数量较多，分别为129、105、68个；山西和陕西2省的转基因抗虫棉审定的品种数量较少。从表3-1数据还可以看出，在这12年间通过国审和省审的品种数量呈现出下降趋势（梁晋刚等，2019）。

表3-1　黄河流域主要植棉省通过审定的转基因抗虫棉品种数量

项目		年份											
		2007	2008	2009	2010	2011	2012	2013	2014	2015	2016	2017	2018
国审		15	13	17	6	4	5	2	7	7	7	3	3
省审	河南	13	14	17	19	11	6	6	11	11	9	3	9
	河北	11	15	7	11	8	8	11	13	10	1	10	0
	山东	10	6	3	10	6	3	0	2	4	9	4	11
	山西	0	0	1	0	3	0	3	1	0	1	0	0
	陕西	0	0	0	0	0	0	0	0	0	0	1	0
合计		49	48	45	46	32	22	22	34	32	27	21	23

（二）审定的品种主要类型

根据是否利用杂种优势，将抗虫棉品种分为常规抗虫棉和杂交抗虫棉（董合忠等，2002）。由表3-2可知，2007—2011年，通过审定的品种类型比例基本持平；2012—2018年，通过审定的常规抗虫棉数量比例逐渐增加，杂交抗虫棉数量在减少。其中，国家审定中于2007—2009年杂交抗虫棉的数量较多，之后杂交抗虫棉的比例降低，常规抗虫棉的数量增加，但总体比例水平持平；同样，河南省审定的品种类型在2007—2010年杂交抗虫棉居多，之后杂交抗虫棉数量减少，常规抗虫棉比例增加，但总体的比例水平持平；而河北、山东、山西 3 省审定的品种类型比较稳定，常规抗虫棉的比例高于杂交抗虫棉。

表 3–2　黄河流域主要植棉省通过审定的转基因抗虫棉品种类型

年份	品种类型	国审	省审				
			河南	河北	山东	山西	陕西
2007	常规品种	5	5	9	6	0	0
	杂交品种	10	8	2	4	0	0
2008	常规品种	6	6	11	4	0	0
	杂交品种	7	8	4	2	0	0
2009	常规品种	7	5	5	2	1	0
	杂交品种	10	12	2	1	0	0
2010	常规品种	1	8	8	6	0	0
	杂交品种	5	11	3	4	0	0
2011	常规品种	2	4	4	3	2	0
	杂交品种	2	7	4	3	1	0
2012	常规品种	3	3	6	1	0	0
	杂交品种	2	3	2	2	0	0
2013	常规品种	1	2	6	0	3	0
	杂交品种	1	4	5	0	0	0
2014	常规品种	6	6	9	1	1	0
	杂交品种	1	5	4	1	0	0
2015	常规品种	5	8	6	3	0	0
	杂交品种	2	3	4	1	0	0
2016	常规品种	5	4	0	5	1	0
	杂交品种	2	5	1	4	0	0
2017	常规品种	1	2	7	3	0	1
	杂交品种	2	1	3	1	0	0
2018	常规品种	2	7	0	9	0	0
	杂交品种	1	2	0	2	0	0
合计		89	129	105	68	9	1

（三）审定品种的育种单位

从表 3-3 可以看出，2007—2018 年参加转基因抗虫棉品种选育工作的主要力量是科研院（所）和种业公司，教学单位选育的品种数量相对较少。国审品种的育种单位科研院（所）和种业公司的数量相当，但科研院（所）选育的品种数占总数的 62%，参加河南省品种审定的科研院（所）有 19 家，比种业公司少 11 家，但科研院（所）选育的品种数量占河南省审定品种总数量的 57%，育种实力要强于种业公司，同样，参加河北、山东、山西品种审定的科研院（所）的数量均低于种业公司甚至不及种业公司的一半，但科研院（所）选育的品种数量均占各省审定总数量的 50%以上。

表 3-3　2007—2018 年黄河流域主要植棉省通过审定的转基因抗虫棉单位类型情况

单位	国审	省审				
		河南	河北	山东	山西	陕西
科研院（所）	17	19	11	16	2	1
教学单位	2	2	2	2	1	0
种业公司	16	30	24	20	4	0
合计	35	51	37	38	7	1

（四）种植面积

从表 3-4 可以看出，近 10 年来黄河流域棉区主要植棉省种植面积呈现出逐年下降的趋势，如河南省由 2007 年的 70 万 hm^2下降到 2016 年的 10.006 万 hm^2，下降幅度高达 86%；河北省由 2007 年的 68 万 hm^2下降到 2016 年的 28.857 万 hm^2，下降幅度达到 58%；同样，山东、山西、陕西各省的种植面积均在缩减，下降幅度分别达到 48%、93%、73%。究其原因主要是因全球棉花价格低迷，植棉成本居高不下、比较效益降低，导致各省的种植面积大幅度下滑。

表 3-4　2007—2016 年黄河流域棉区种植面积情况　（万 hm^2）

年份	河南	河北	山东	山西	陕西
2007	70	68	89.996	10.399	8.913

（续表）

年份	河南	河北	山东	山西	陕西
2008	60.6	69	88.826	8.907	8.515
2009	53.733	62	80.039	7.016	6.184
2010	46.73	58.156	76.64	5.872	5.088
2011	39.667	63.254	75.26	5.332	5.028
2012	25.667	57.825	68.987	3.736	4.83
2013	18.667	48.295	67.28	2.344	3.672
2014	15.33	41.09	59.29	1.872	3.104
2015	12	35.927	51.547	1.062	2.743
2016	10.006	28.857	46.522	0.705	2.407

注：数据来自中华人民共和国国家统计局国家数据网。

二、长江流域形成棉花品种（系）

（一）审定的品种数量

长江流域是我国三大棉花主产区之一，其中湖北省、安徽省、湖南省、江西省、浙江省、四川省等是主要植棉省。根据不同的生态条件、生产布局及品种生育特点，6个主要植棉省2007—2018年通过审定的有217个转基因抗虫棉品种（系）（表3-5），其中通过国家审定的为35个，各省审定总和为182个。省审定中湖北、安徽、湖南审定的转基因抗虫棉品种（系）数量较多，分别为50、49、43个（表3-6）；湖北和安徽审定的品种数量相当；江西、浙江、四川3省的审定的转基因抗虫棉品种数量相对较少（梁晋刚等，2019）。

表3-5 长江流域主要植棉省通过审定的转基因抗虫棉品种数量

项目	2007年	2008年	2009年	2010年	2011年	2012年	2013年	2014年	2015年	2016年	2017年	2018年
国审	3	1	6	2	6	0	1	4	4	2	4	2

（续表）

项目		2007年	2008年	2009年	2010年	2011年	2012年	2013年	2014年	2015年	2016年	2017年	2018年
省审	湖北	7	8	1	2	2	1	2	6	3	5	8	5
	安徽	0	3	5	11	0	1	19	4	1	3	1	1
	湖南	4	7	5	3	6	1	1	6	1	1	6	2
	江西	0	0	2	1	0	0	1	4	1	0	1	8
	浙江	2	2	0	0	1	0	1	1	1	0	0	3
	四川	0	0	0	0	0	0	6	3	0	2	0	0
合计		16	21	19	19	15	3	31	28	11	13	20	21

（二）审定的品种主要类型

由表3-6可知，长江流域棉区审定的品种以杂交抗虫棉为主，2007—2018年审定的217个品种中有188个是杂交抗虫棉品种，仅有29个品种是常规抗虫棉；2014年之前审定品种中仅有4个是常规抗虫棉；2015—2018年常规抗虫棉品种数量有所增加，共审定了25个，主要分布在湖北、湖南、江西、浙江4省，其中湖北所占的比例较高，在40%左右。安徽、四川审定的品种均是杂交抗虫棉。

表3-6　长江流域主要植棉省通过审定的转基因抗虫棉品种类型

年份	品种类型	国审	省审					
			湖北	安徽	湖南	江西	浙江	四川
2007	常规品种	1	0	0	0	0	0	0
	杂交品种	2	7	0	4	0	2	0
2008	常规品种	0	0	0	0	0	0	0
	杂交品种	1	8	3	7	0	2	0
2009	常规品种	0	0	0	0	0	0	0
	杂交品种	6	1	5	5	2	0	0
2010	常规品种	0	0	0	0	0	0	0
	杂交品种	2	2	11	3	1	0	0

（续表）

年份	品种类型	国审	省审					
			湖北	安徽	湖南	江西	浙江	四川
2011	常规品种	0	0	0	2	0	0	0
	杂交品种	6	2	0	4	0	0	0
2012	常规品种	0	0	0	0	0	0	0
	杂交品种	0	1	1	1	0	0	0
2013	常规品种	0	0	0	0	0	0	0
	杂交品种	1	2	19	1	1	1	6
2014	常规品种	0	1	0	0	0	0	0
	杂交品种	4	5	4	6	4	1	3
2015	常规品种	1	2	0	0	0	0	0
	杂交品种	3	1	1	1	1	1	0
2016	常规品种	1	1	0	1	0	0	0
	杂交品种	1	5	3	0	0	0	2
2017	常规品种	2	5	0	4	0	0	0
	杂交品种	2	3	1	2	1	0	0
2018	常规品种	0	2	0	0	4	2	0
	杂交品种	2	3	1	2	4	1	0
合计		35	51	49	43	18	10	11

（三）审定品种的育种单位

从表3-7可以看出，长江流域抗虫棉品种选育工作的主要单位也是科研院（所）和种业公司。国审品种的育种单位中科研院（所）和种业公司的数量相当，科研院（所）选育的品种数占总数的40%。湖北、湖南参加审定的科研院（所）少于种业公司，但审定的品种数中科研院（所）占的比例较高，江西、浙江、四川三省参加审定的主要是科研院（所），种业公司较少，参加安徽省的种业公司较多，其数量高于科研院（所）一倍之多，并且种业公司选育品种数占总数的70%，高于科研院（所）选育的品种数。

表 3-7 2007—2018 年长江流域主要植棉省通过审定的转基因抗虫棉单位类型情况

单位	国审	省审					
		湖北	安徽	湖南	江西	浙江	四川
科研院（所）	12	12	11	8	8	5	2
教学单位	2	2	2	2	2	1	0
种业公司	12	20	29	12	5	3	1
合计	26	34	42	22	15	9	2

（四）种植面积

同样，长江流域棉区主要植棉省种植面积亦呈现出逐年下降的趋势（表 3-8），如湖北省由 2007 年的 51.422 万 hm^2下降到 2016 年的 20.251 万 hm^2，下降幅度高达 61%；安徽省由 2007 年的 37.588 万 hm^2下降到 2016 年的 18.344 万 hm^2，下降幅度达到 51%；同样，湖南、江西、浙江、四川各省的种植面积均在下滑，下降幅度分别达到 40%、40%、41%、58%。湖北省的种植面积缩减最为明显。

表 3-8 2007-2016 年长江流域棉区种植面积情况 （万 hm^2）

年份	湖北	安徽	湖南	江西	浙江	四川
2007	51.422	37.588	17.202	8.167	1.901	2.162
2008	54.3	39.01	18.3	6.656	2.034	1.851
2009	46.008	35.173	15.26	7.551	2.01	1.62
2010	48.005	34.436	17.5	7.974	2.08	1.615
2011	48.866	35.035	19.24	8.196	2.173	1.599
2012	47.287	30.493	17.217	8.501	2.091	1.459
2013	41.559	28.513	15.956	8.467	1.965	1.385
2014	34.48	26.52	13.01	8.492	1.726	1.316
2015	26.474	23.25	11.37	8.11	1.378	1.012
2016	20.251	18.344	10.357	4.932	1.124	0.905

注：数据来自中华人民共和国国家统计局国家数据网。

三、讨 论

通过对我国2007—2018年黄河流域和长江流域主要植棉省审定的品种分析可以看出，黄河流域棉区审定的品种数量高于长江流域棉区；黄河流域棉区常规抗虫棉和杂交抗虫棉并重，而长江流域棉区以杂交抗虫棉为主，近几年常规抗虫棉有增加的趋势；两大棉区仍以公益性研究团队为主，科研院（所）是参与抗虫棉育种工作的主力军，并且各省审定品种的育种单位区域性比较强；受全球因素的影响，两大棉区同样面临着植棉面积大幅度下滑的局面。但研究调查发现，随着优良品种的逐步更替和植棉技术的不断改进，在植棉面积下滑的同时，棉花的单位面积产量却在逐年攀升（喻树讯，2018）。

参考文献

陈全求，蓝家样，韩光明，等 . 2016. 长江流域棉花品种的现状与育种建议［J］. 棉花科学，38（5）：9-13.

董合忠，李维江，张学坤 . 2002. 优质棉生产的理论与技术［M］. 济南：山东科学技术出版社 .

段冰，呼孟银，张晓洁 . 2012. 我国转基因抗虫棉生产应用安全证书的简化申请［J］. 农业科技管理，31（5）：60-62，96.

段冰，李汝忠，张琮，等 . 2018. 我国2012—2016年转基因抗虫棉安全证书发放情况评析［J］. 中国棉花，45（9）：1-5.

郭三堆，王远，孙国清，等 . 2015. 中国转基因棉花应用二十年［J］. 中国农业科学，48（17）：3 372-3 387.

国家农作物品种审定委员会办公室 . 2008. 中国转抗虫基因棉花品种（1997—2007）［M］. 北京：中国农业出版社 .

何旭平，纪从亮 . 2007. 现代中国棉花育种与栽培概论［M］. 北京：中国农业科学技术出版社 .

黄大昉 . 2015. 我国转基因作物育种发展回顾与思考［J］. 生物工程学报，31（6）：892-900.

黄季焜，米建伟，林海，等 . 2010. 中国10年抗虫棉大田生产：*Bt*抗虫棉技术采用的直接效益和间接外部效应评估［J］. 中国科学：生命科学，40（3）：260-272.

梁晋刚，姜伟丽，宋贤鹏，等. 2019. 我国2007 — 2018年转基因抗虫棉品种审定情况评析［J］. 中国棉花，46（04）：1-6.

倪万潮，郭书巧，束红梅，等 . 2012. 转基因抗虫棉后时代棉花科技问题思考［J］. 生物技术通报（7）：1-6.

牛巧鱼 . 2018. 农业部回应转基因问题：仅批准转基因棉花、番木瓜商业化生产［J］. 中国棉花，45（3）：43.

师树新，张静波，张科，等 . 2015. 黄河流域棉种产业的挑战与突破［J］. 天津农林科技（S1）：44-46.

苏岳静，胡瑞发，黄季焜，等 . 2004. 农民抗虫棉技术选择行为及其影响因素分析［J］. 棉花学报，16（5）：259-264.

许乃银，李健 . 2014. 长江流域棉花区域试验国审品种主要性状的演变分析［J］. 中国棉花，41（10）：10-13.

喻树讯 . 2018. 中国棉花产业百年发展历程［J］. 农学学报，8（1）：85-91.

张灿强，杜珉 . 2014. 长江、黄河流域棉花生产发展趋势与政策建议［J］. 中国棉花，41（9）：1-3.

Dong H Z，Li W J，Tang W，*et al*. 2004. Development of hybrid Bt cotton in China- A successful integration of transgenic technology and conventional techniques［J］. Current Sci，86：778-882.

Pray C E，Huang J K，Hu R F，*et al*. 2002. Five years of Bt cotton in Chinathe benefits continue［J］. Plant J.，31：423-430.

Wu KM，Lu YH，Feng HQ，*et al*. 2008. Suppression of cotton bollworm in multiple crops in China in areas with *Bt* toxin-containing cotton［J］. Science，321（5896）：1 676-1 678.

第四章　我国转基因抗虫棉长期种植的生态效应

1999 年，我国国产抗虫棉商业化种植达 18 万公顷，至 2012 年抗虫棉种植面积占棉花总面积的 80%。转基因抗虫棉的种植有效控制了棉铃虫、红铃虫等害虫的种群，减少了农药的使用，增加了有益天敌的数量，取得了良好的经济、社会和生态效益。但是，随着 *Bt* 棉种植时间的延长，害虫对转基因抗虫棉的敏感性下降的报道正在日益增多，而且棉田次要害虫上升为主要害虫的风险也在加大。

经过 21 年的种植，*Bt* 棉花已经成为防控棉花害虫的关键措施。在非转基因棉田，棉铃虫主要依靠化学防治，而农药的过量施用间接改变了其他昆虫的种群数量。转基因抗虫棉的种植后，减少了农药的施用量，从而增加了非靶标昆虫的种类和数量，进而加强了害虫的自然控制作用，然而这也导致了天敌控制作用较差的害虫上升为重要害虫的威胁逐渐加大（吴孔明，2006）。因此，转基因抗虫棉对靶标害虫棉铃虫和红铃虫等具有很好的控制作用，但长期处于转基因作物的高压选择下，靶标害虫不可避免地出现潜在的抗性威胁。已有报道发现，靶标害虫在田间或室内对 Bt 蛋白产生了不同水平的抗性。而且 *Bt* 棉种植后，导致棉田化学防治模式也发生了相应的变化，促使棉田的次要害虫棉盲蝽、棉蚜等上升为棉田主要害虫。因此，需要长期跟踪监测转基因抗虫棉种植后，靶标及非靶害虫的地位演替变化。

第一节　棉铃虫对 Bt 蛋白的抗性监测

转 *Bt* 抗虫棉的广泛种植，不仅有效控制了棉铃虫对棉花的为害，而且也抑制了棉铃虫在玉米、大豆、花生和蔬菜等其他作物上的发生与为害，减少了对化学农药的需求。然而，随着转基因抗虫棉种植时间的延长，棉铃虫对 Bt 蛋白的选择压力和抗性风险也在增大，长期单一种植 *Bt* 抗虫棉可能会对棉铃虫产生抗性。因此，需长期监测靶标害虫对转基因 *Bt* 棉花的抗性演变，评估抗性演化的总体强度和抗性个体频率或检测抗性等位基因频率等。

一、田间抗性现状分析

在转基因抗虫棉种植后，棉铃虫对 Bt 蛋白的长期监测表明，在我国的部分地区的部分年份棉铃虫对 Bt 蛋白的敏感性下降。转基因抗虫棉种植后，Wu 等从 1998—2000 年采集的来源于抗虫棉种植区域的 41 个棉铃虫田间品系，用 LC_{99}的诊断浓度检测棉铃虫品系对 Cry1Ac 蛋白的敏感性变化，结果表明棉铃虫长至 3 龄幼虫的比例仅为 0~4.3%，其中从抗虫棉种植区采集的棉铃虫只有 2 个品系可以生长到 3 龄幼虫（1.67%和 2.86%），因此棉铃虫田间品系对 Cry1Ac 蛋白仍处于敏感水平（Wu，*et al*，2002a）；同样，2001—2004 年，Wu 等用同样的诊断剂量检测从转基因抗虫棉种植区采集的 53 个棉铃虫品系的发育情况，结果发现有 4 个品系的棉铃虫可长至 3 龄（0~9.09%），且棉铃虫田间种群对 Cry1Ac 的敏感基线没有发生明显变化（Wu，*et al*，2006）。Zhang 等 2005—2017 年继续监测 13 个地区 221 个棉铃虫田间种群对 Cry1Ac 蛋白诊断剂量的变化，结果显示最高有 22.2%幼虫可长至 3 龄，而且田间种群的存活率从 0 上升至 80%，结合 1998—2004 年的监测结果显示，棉铃虫田间品系对 Cry1Ac 蛋白的抗性已经显著上升，但仍可有效控制棉铃虫的为害（Zhang，*et al*，2018）。Jin 等对 2010—2013 年华北 6 省地区棉铃虫对 Cry1Ac 的抗性，生测结果表明抗性棉铃虫的比例从 2010 年的 0.93%上升至 2013 年的 5.5%，而且计算机模拟显示如果没有天然庇护所的存在，抗性棉铃虫的比例在 2013 年可超过 98%（Jin，*et al*，2014）。吕丽敏等 2008—2012 年通过对冀鲁豫主产棉区 18~20 个县市的 20 个以上的监测点种植的主栽抗虫棉品种进行抗虫性监测，结果表明，在冀鲁豫主产棉区推广种植的抗虫棉品种能够控制棉铃虫，但从田间残虫量来看，存在一定的抗性风险（吕丽敏等，2013）。与该结果类似，Zhang 等通过检测 13 个地区棉铃虫对 Cry1Ac 蛋白的耐受性，发现 2010 年河北高阳、河南南阳、山东夏津、河南安阳地区棉铃虫种群对 Cry1Ac 蛋白的耐受性明显高于敏感种群及其他地区；此外，河南省安阳县田间种群对 Cry1Ac 的 LC_{50} 是新疆田间种群的 16 倍，并且北方棉区的 5 个田间种群抗性个体频率已经达到 1%~6%，多样化的抗性基因能够在田间遗传给下一代（Zhang，*et al*，2011）。因此，截至目前，转基因抗虫棉对棉铃虫仍处于可控范围内，但随着单一 *Bt* 抗虫棉的持续种植，棉铃虫对 Bt 蛋白的抗性风险上升。

二、田间抗性频率

目前，害虫对 Bt 蛋白抗性的监测方式主要有诊断剂量法、F_1 代筛选法、F_2 代筛选法等。何丹军等利用单雌系 F_2 法检测 1999 年河北邱县地区种植转 *Bt* 基因棉（新棉 33B）田间棉铃虫种群对 Bt 蛋白的抗性频率为 0.58%（何丹军等，2001）；陆萍再次利用上述方法检测河北省威县和成安县棉铃虫田间品系对新棉 33B 的抗性等位基因频率已上升至 3.3%，而河北威县棉铃虫种群 2001—2002 年的抗性等位基因频率均已上升至 6.9%以上，因此在转基因抗虫棉种植 5 年后，河北棉铃虫种群的抗性等位基因频率显著上升（陆萍等，2003）。而李国平于 2002 年在安次县和夏津县采集的棉铃虫，其 F_2 代的抗性基因频率分别约为 0.11%和 0.06%（李国平，2003）。Li 等研究 2002—2005 年河北安次和山东夏津地区棉铃虫种群对 Cry1Ac 的抗性及抗性基因频率，发现山东夏津地区棉铃虫种群对转 *Cry1Ac* 棉花的耐受性上升（Li，*et al*，2007）。同样利用 F_2 代筛选法，Liu 等发现 2003—2007 年河北省邱县棉铃虫田间种群的抗性等位基因频率为 0.075，是 9 年前的 12 倍，而且其对 Cry1Ac 蛋白的抗性是室内敏感种群的 11 倍（Liu，*et al*，2009）；潘利东等通过 F_1 代法监测河北省邱县棉铃虫种群对 *Bt* 棉的抗性等位基因频率变化，结果显示 2010—2012 年棉铃虫抗性等位基因频率分别为 0.131、0.078 和 0.199，棉铃虫种群的抗性倍数最高，明显高于湖北荆州、湖北枣阳和安徽萧县种群的抗性（潘利东等，2013）。然而，评估 2009—2013 年山东夏津和河北省安次棉铃虫田间种群对 Cry1Ac 的抗性基因频率，两地的相对平均发育级别较 2002 年分别上升了 1.53~1.63 倍和 1.77~2.07 倍，表明棉铃虫对 Cry1Ac 的抗性上升（An，*et al*，2015）。同样，张洋等（2010）2007—2013 年监测结果表明，河南省安阳县、河北省威县、山东省武城县棉田棉铃虫种群对 Cry1Ac 蛋白的抗性基因频率仍处于正常水平，但其耐受性有升高趋势（张洋，2010）。但是，监测新疆石河子和莎车地区 2010—2011 年棉铃虫田间种群对 Cry1Ac 的抗性基因频率，没有筛选到抗性个体（王冬梅等，2012）。

三、*Bt* 抗性基因研究

棉铃虫对 *Bt* 产生抗性是多种因素共同作用的结果，Bt 蛋白起作用的每个环节，包括受体结合程度、体内代谢酶水平、肠道修复、细胞免疫、行为回避、表皮穿透等均有密切关系（梁革梅等，2003）。

目前，棉铃虫 *Bt* 抗性基因的研究主要是 Bt 蛋白受体和代谢酶基因的研究。Xu 等通过室内筛选棉铃虫 Cry1Ac 抗性品系，发现抗性品系中钙黏蛋白是提前终止的（Xu，*et al*，2005），此后一系列的研究表明，钙黏蛋白在棉铃虫对转 *Bt* 基因抗虫棉耐受性水平变化中占有十分重要的地位（Yang，*et al*，2007；Zhang，*et al*，2013；Xiao，*et al*，2017）。Zhang 等揭示了棉铃虫田间种群对 *Bt* 棉花的抗性基因存在遗传多样性，既有基于钙黏蛋白基因缺失突变的隐性基因，也存在基于钙黏蛋白氨基酸点突变或其他抗性机制的非隐性基因，并证实非隐性抗性基因在 *Bt* 作物抗性演化中具有关键性作用（Zhang，*et al*，2012）。Xiao 等比较了棉铃虫相关受体蛋白在敏感品系与抗性品系的结构差异，发现 *ABCC2* 基因内含子剪切识别位点发生变异，使 *ABCC2* 翻译的提前终止、功能丧失，进而导致棉铃虫中肠内 Cry1Ac 蛋白结合位点的丧失而产生对 *Bt* 作物的高水平抗性，增加了阿维菌素的毒性（Xiao，*et al*，2016；Xiao，*et al*，2017）。Jin 等利用全基因组关联分析和基因精细定位，发现棉铃虫一种四跨膜蛋白编码基因 *HaTSPAN1* 发生了 *T92C* 点突变，导致第 31 位亮氨酸突变为丝氨酸，该基因突变与 *Bt* 显性抗性紧密连锁；利用 CRISPR/Cas9 基因编辑技术敲除抗性品系 *HaTSPAN1* 基因导致其 Cry1Ac 抗性完全消失，将 *T92C* 点突变敲入敏感品系则获得 125 倍抗性。因此，*HaTSPAN1* 基因 *T92C* 点突变导致棉铃虫对 Bt 杀虫蛋白 Cry1Ac 产生显性抗性。此外，该研究还发现我国华北棉区田间棉铃虫 *HaTSPAN1* 基因 *T92C* 突变频率正在快速上升，在近 10 年间提高了 100 倍，从 2006 年的 0.1%上升至 2016 年 10%（Jin，*et al*，2018）。Wang 等采用反向遗传与离体代谢相结合的新策略，发现棉铃虫 *CYP6AE* 基因簇编码的细胞色素 P450 氧化酶具备对多种植物次生物质和杀虫剂的解毒代谢能力，证实 *CYP6AE* 基因簇在寄主植物适应性及抗药性中发挥了重要作用（Wang，*et al*，2018）。

四、棉铃虫生物学影响

（一）生长发育

左广胜等用苏云金素 0~1 000 μg/mL 含毒饲料喂棉铃虫幼虫，处理后第 7 天，各处理平均体长和体重与对照差异明显，初孵幼虫体长抑制率为 83%左右，5 日龄幼虫体长和体重抑制率分别为 40.15% ~ 61.61% 和 78.10% ~ 91.43%，随着测试浓度的增加，含毒饲料上取食的棉铃虫幼虫数权重逐渐下降（左广胜等，1994）。吴坤君等（1993）用人工饲料饲养幼虫，组建了生命表，研究饲料蛋白质含量对棉铃虫种群生长的影响。基础饲料含可溶性糖 27.6%，饲料蛋白质含量由 7%增加到 13%时，幼虫历期明显缩短，成虫繁殖力大幅度提高，导致种群趋势指数上升 85%。更高的饲料蛋白质含量虽然对幼虫的发育和存活没有不利的影响，但成虫的产卵量下降。根据试验资料估测，饲料中碳水化合物和蛋白质含量的比率在 1.5~2.6 对棉铃虫种群生长比较合适。这些结果表明，食料植物中碳水化合物和蛋白质的浓度以及两者的比率对棉铃虫的生长、发育和繁殖可能都有一定的影响（吴坤君等，1993）。

崔金杰等（2002）研究表明，5 龄棉铃虫幼虫取食转 *Bt* 基因棉后其体重、蛹重、化蛹率、羽化率及体长均和常规棉对照有明显的差异。取食转 *Bt* 基因棉后其体重减轻 18.7% ~ 47.9%，化蛹率降低 84.1% ~ 87.5%，蛹重减轻 3.5%~36.2%，羽化率降低 83.7%~89.2%，体长减少 17.6%~23.5%，差异均达显著或极显著水平（崔金杰等，2002）。

（二）取食行为

崔金杰等研究结果表明，棉铃虫低龄幼虫在转 *Bt* 基因棉上取食时间明显减少，静息、吐丝下垂的时间明显延长，爬行时间略增加。连续观查 6 h，3 龄幼虫在转 *Bt* 基因棉上的取食时间较在常规棉上减少 57.6%，差异极显著；吐丝下垂的时间增加 396.1%，差异极显著；爬行的时间增加 22.4%，差异不显著；静息的时间增加 4.0%，差异不显著（崔金杰等，2002）。

棉铃虫在转 *Bt* 基因棉上取食时间减少，减轻了棉株受害程度，同时由于棉铃虫取食量的降低，使得棉铃虫生长发育延迟，体重明显减轻，甚至死亡；吐丝下垂时间延长减少了棉株上的幼虫数量，增加了被天敌捕食和逆境致死的机率；爬行和静息时间的延长，增加了害虫在植株表面的暴露时间，有利于自然天敌的寄生和捕食。

（三）产卵量和卵孵化率

崔金杰等研究结果表明，5 龄棉铃虫连续取食转 *Bt* 基因棉的棉铃、棉叶、棉蕾至化蛹，成虫羽化后产卵量分别比对照降低 50.1%、63.1%、69.7%，差异均达显著或极显著水平；卵孵化率分别比对照降低 87.8%、80.6%、83.5%（崔金杰等，2002）。

取食转 *Bt* 基因棉花粉的棉铃虫成虫，其产卵量明显减少，卵孵化率明显降低。取食转 *Bt* 基因棉和常规棉花粉的产卵量分别为 317.6 粒和 789.4 粒（减少了 59.8%），卵孵化率分别为 21.4%和 76.8%（降低了 72.1%），差异均达极显著水平。转 *Bt* 基因棉的花粉不仅对棉铃虫成虫产卵量和卵孵化率有较大的影响，而且对成虫的寿命亦有较大的影响，取食转基因棉和取食常规棉花粉的成虫平均寿命分别为 6.1 d 和 8.0 d，前者较后者平均寿命缩短 1.9 d。

（四）产卵排趋性

相邻种植转基因棉和常规棉时，第 2 代棉铃虫发生期转基因棉和常规棉上平均百株落卵量分别为 56.6 粒和 103.3 粒，转基因棉上减少 45.2%，差异显著；第 3 代棉铃虫发生期转基因棉和常规棉平均百株落卵量分别为 1 961.7 和 1 933.3 粒，转基因棉上增加 1.5%；相间种植转基因棉和常规棉时，第 2 代棉铃虫发生期转基因棉和常规棉上平均百株落卵量分别为 133.3 粒和 196.7 粒，*Bt* 棉上减少 32.2%，差异显著；第 3 代棉铃虫发生期转基因棉和常规棉平均百株落卵量分别为 816.7 粒和 810.0 粒，*Bt* 棉上增加 0.8%。从以上结果可以看出，棉铃虫在大发生的条件下，在转 *Bt* 基因棉和常规棉上产卵没有明显的选择性；在轻发生的条件下，则有明显的选择性。说明转基因棉对棉铃虫有一定的产卵排趋性。

以上研究可为我国乃至其他国家棉铃虫 *Bt* 显性抗性的监测与预警提供技术支撑，为棉铃虫等靶标害虫对 *Bt* 作物的抗性治理提供了新思路，为制订针对性的抗性治理策略提供重要依据。因此，虽然监测方法差异可能导致监测结论不尽相同，但总体趋势表明，随着转基因抗虫棉种植时间的延长，棉铃虫对 *Bt* 棉花产生抗性的风险在逐步加大。所以，为保证 *Bt* 棉花品种的可持续利用，应及早采取必要的措施，控制抗性的发展。几项抗性治理策略已经在田间实施应用，主要包括 Bt 蛋白在转基因作物中高效表达、双价基因、Bt 蛋白特异性时空表达、非转基因作物作为庇护所等。而我国科学家通过系统评估 *Bt* 棉花对棉铃虫种群区域性变化调控作用和非棉花寄主作物对棉铃虫的天然庇护所功能，提出了利用小农模式下玉米、小麦、大豆和花生等棉铃虫寄主作物所提供的天然庇护所治理棉铃虫对 *Bt* 棉花抗性的策略（Wu，*et al*，2002b；Wu，*et al*，2005；Wu，*et al*，2010；Liu，*et al*，2010）。目前，我国已经初步建立了棉铃虫抗性早期预警与抗性监测技术体系，并可通过不同生产模式的改变有效预防棉铃虫抗性的产生与发展，但是棉铃虫的抗性问题仍然不容忽视。

第二节　红铃虫对 Bt 蛋白的抗性监测

红铃虫是我国长江流域棉区十分重要的棉花害虫，在种植转 *Bt* 抗虫棉后，该区域红铃虫种群密度总体呈下降趋势，而且化学农药的施用量也在逐年减少。随着我国长江流域棉区转 *Bt* 棉花的种植面积和年限的逐渐增长，红铃虫对 *Bt* 棉的抗性威胁也逐渐增大，而红铃虫在棉田对棉花具有专一性，红铃虫会面临更大的抗性选择压力。

一、早期抗性

抗性监测结果表明，长江流域棉区红铃虫田间种群对棉花的抗性已进入早期阶段，这对我国棉花的可持续利用构成严重威胁。因此，开展红铃虫对棉花的抗性监测工作，及时掌握其抗性水平和抗性基因频率变化，是进行害虫抗性治理的前提和基础。

目前转基因抗虫棉虽然可有效控制红铃虫，但近年来红铃虫对 *Bt* 棉的敏感性也在下降。Wan 等调查 2001—2002 年在长江流域种植的转基因抗虫棉（BG 1560 和 GK19）田间红铃虫卵密度及幼虫密度，结果表明 *Bt* 棉田与常规棉田的红铃虫卵密度无显著差异，但幼虫密度却显著低于常规棉田，而且转基因 *Bt* 棉对红铃虫呈现出很好的控制作用，但在棉花生育后期，红铃虫的残虫依然很多（Wan，*et al*，2004；万鹏，2004）。Huang 等分析了 1995—2010 年长江流域转基因 *Bt* 棉种植面积及红铃虫种群密度的变化，结果发现转基因抗虫棉的种植直接抑制红铃虫的种群密度（Huang，*et al*，2013）。同样，Wan 等发现 1995—2010 年随着长江流域转基因 *Bt* 棉的种植面积的增多，红铃虫的种群密度和农药使用量均呈现下降趋势（Wan，*et al*，2012a）。而通过监测 2008—2010 年长江流域转基因棉田 16 个采集区 51 个红铃虫种群对 Cry1Ac 的敏感性，发现该区域红铃虫种群对Cry1Ac蛋白的敏感性低于2005—2007年，而且少部分红铃虫可在诊断剂量下存活，抗性比率2005—2007年最高为4.9，而2008—2010年有3个田间种群的抗性比率上升到10以上，诊断剂量下存活率从0（2005—2007年）上升至56%，因此红铃虫已对转基因*Bt*棉花产生了早期抗性（Wan，*et al*，2012b；Tabashnik，*et al*，2012）。

二、“庇护所”策略下的抗性

Wan等对我国长江流域*Bt*棉花与红铃虫的互作关系开展了11年的研究工作。结果表明，长江流域红铃虫2008年左右已进入早期抗性阶段，但此后生产上开始大规模种植F_2代杂交抗虫棉。由于抗虫杂交棉父、母本多为一个抗虫棉品系和一个常规棉品系，其F_2代分离产生普通棉株，这些分离的普通棉花为红铃虫提供了避护所。对红铃虫自然种群抗性基因的分析显示，抗性多产生于Bt受体钙黏蛋白基因的突变，为隐性遗传。因此，*Bt*棉株存活的抗性红铃虫与普通棉株敏感红铃虫交配产生的杂合子，仍然可以被*Bt*棉花杀死，而不能形成抗性红铃虫种群。进一步对长江流域6省17个样点红铃虫种群发生量及*Bt*抗性水平的监测表明，随着F_2代杂交抗虫棉大面积的生产应用，红铃虫对*Bt*棉花的抗性发展受到了有效控制（吴孔明，2017）。

因此，Wan等通过比较2005—2015年6省17个监测点田间红铃虫对Cry1Ac蛋白的敏感性变化，结果表明红铃虫的抗性水平呈现先升高后降低的现象，2011—2015年长江流域红铃虫的抗性水平及抗性基因频率均并未见明显上升，该区域的红铃虫种群及杀虫剂用量在2010年以后始终维持在一个极低的水平，转基因*Bt*棉花仍对红铃虫表现出很好的控制作用（Wan，*et al*，2017）。同样，王金涛测定了2012—2013年长江流域棉区12个监测点第三代红铃虫对Cry1Ac蛋白的反应，结果表明，与2012年相比，2013年棉铃虫对Cry1Ac的敏感性有所下降，大部分地区的抗性水平呈现上升趋势，但差异不显著，因此长江流域红铃虫对Cry1Ac蛋白基本保持敏感（王金涛，2014）。但是，明坤等调查了江西九江地区2010—2015年二代、三代红铃虫为害棉铃情况，结果显示红铃虫对转基因*Bt*棉花的耐受性增强，其发生与为害指标呈现逐年加重趋势，且三代的发生量及为害程度明显高于二代（明坤等，2016）。

三、*Bt* 抗性基因研究

我国长江流域自 2000 年开始种植转 *Cry1Ac* 抗虫棉（Wan，*et al*，2012a）。长期的抗性监测结果表明，2008—2010 年红铃虫对 Cry1Ac 抗性风险升高（Wan，*et al*，2012b）。而在 2011—2015 年，由于杂交棉的种植，红铃虫对 Cry1Ac 杀虫蛋白的抗性下降（Wan，*et al*，2017）。红铃虫钙黏蛋白是 Cry1Ac 的受体蛋白，Wang 等 2013 年从长江流域棉区采集的红铃虫，经过筛选纯化出 4 个红铃虫田间抗性品系，发现抗性品系的钙黏蛋白产生了不同位点的变异，并研究了该突变对红铃虫遗传性、基因连锁、对 Cry2Ab 的交互抗性、转 *Cry1Ac* 棉花棉铃上生活史以及对细胞转运水平的影响等，结果表明，钙黏蛋白突变导致红铃虫对 Cry1Ac 抗性的产生（Wang，*et al*，2018）。因此，我国长江流域棉区红铃虫携带 *Cry1Ac* 抗性基因，但其基因频率还处于一个较低的水平（王玲，2017）。

总体趋势表明，红铃虫对 Cry1Ac 蛋白的基本处于敏感水平，转基因抗虫棉仍可有效控制棉红铃虫。虽然“庇护所”策略有效保障了长江流域棉区 *Bt* 棉花的可持续种植，但随着种植时间的延长，*Bt* 棉花对红铃虫的汰选压力仍然存在。

第三节　棉花害虫的地位演化

棉花害虫高达 300 多种，其中主要害虫有 20 余种。转基因抗虫棉种植以后，棉田害虫种群地位发生了系列演替，有效控制了许多鳞翅目害虫的为害，天敌数量和种类增多，而刺吸式口器害虫的为害加重，并呈灾变的趋势。

一、转基因抗虫棉对靶标害虫的影响

我国于 1997 年开始种植转基因抗虫棉，使得棉铃虫的区域性种群发生数量显著降低（Wu，*et al*，2003；Wan，*et al*，2005；Wu，*et al*，2008），红铃虫、小造桥虫、玉米螟、金刚钻等鳞翅目害虫也得到了有效控制，棉田杀虫剂的使用量也大幅度下降（Wu，*et al*，2005）。因此，天敌昆虫种类和种群数量明显增多，然而天敌控制力较弱的害虫为害呈加重趋势（Lu，*et al*，2010），

而且棉花苗蚜、叶螨、斜纹夜蛾等传统害虫仍时有发生。

（一）棉铃虫卵消长动态

第 2 代棉铃虫发生期，常规棉对照田（常规棉田全生育期不施用化学农药，简称对照田，下同）、转 *Bt* 基因抗虫棉综合防治田（采取综合防治的转 *Bt* 基因抗虫棉田，简称综防田，下同）、转 *Bt* 基因抗虫棉不施药田（转 *Bt* 基因抗虫棉田全生育期不施用化学农药，简称自控田，下同）百株累积落卵量分别为 729 粒、609 粒和 600 粒，综防田和自控田分别比对照田减少 16.5%和 17.7%，综防田比自控田增加 1.5%；第 3 代棉铃虫发生期，对照田、综防田、自控田百株累积落卵量分别为 458 粒、389 粒和 297 粒，综防田和自控田分别比对照田减少 15.1%和 35.2%，综防田比自控田增加 23.7%；第 4 代棉铃虫发生期，对照田、综防田、自控田百株累积落卵量分别为 448 粒、248 粒、300 粒，综防田和自控田分别比对照田减少 44.6%和 33.0%，综防田比自控田减少 17.3%，差异不显著。可见，棉铃虫在转基因棉上的落卵量与常规棉相比没有明显差异。

（二）棉铃虫幼虫种群消长

崔金杰和夏敬源研究表明，第 2 代棉铃虫发生盛期，对照田、综防田、自控田百株幼虫数量分别为 70 头、6 头、6 头，转基因棉幼虫减少 91.4%，差异极显著；第 3 代棉铃虫发生盛期，对照田、综防田、自控田百株幼虫数量分别为 276 头、5 头、26 头，综防田和自控田分别比对照田减少 98.2%和 90.6%，差异极显著，综防田比自控田减少 80.8%；第 4 代棉铃虫发生盛期，对照田、综防田、自控田百株幼虫数量分别为 38 头、9 头、10 头，综防田和自控田分别比对照田减少 76.3%和 73.7%，差异极显著，综防田比自控田减少 10.0%。可见，转基因棉对棉铃虫幼虫有良好的抗性，但自控田第 3、4 代棉铃虫仍需化学防治（崔金杰和夏敬源，2000）。

转 *Bt* 基因棉对棉铃虫幼虫均有良好的抗性，棉铃虫在转 *Bt* 基因棉棉田的落卵量比常规棉不治虫棉田的落卵量第 2 代减少 33.3%，第 3 代增多 35%，第 4 代增多 32.5%，而比常规棉治虫棉田的落卵量第 2 代减少 10.1%，第 3 代增加 42.8%，第 4 代增加 56%；第 2 代棉铃虫幼虫数量，转 *Bt* 基因棉田比常规棉不治虫棉田减少 90%；第 3 代减少了 84.9%，第 4 代减少了 74.9%；而比常规棉治虫棉田的第 2 代减少 53%。但第 3 代增多 26.5%，第 4 代增多 55.1%；转 *Bt* 基因棉比常规棉不治虫的棉造桥虫减少 87.8%，比常规棉治虫的棉田减少 54.3%。

（三）棉铃虫生态位演化

Wu 等系统研究了河北廊坊 1998—2007 年棉铃虫在 *Bt* 棉花和常规棉花田的种群动态，结合对华北地区 1992—2006 年 100 个观测点的棉铃虫种群监测数据的模型分析，表明 *Bt* 棉花的大规模商业化种植破坏了棉铃虫在华北地区季节性多寄主转换的食物链，压缩了棉铃虫的生态位，不仅有效控制了棉铃虫对棉花的为害，而且高度抑制了棉铃虫在玉米、大豆、花生和蔬菜等其他作物田的发生与危害（Wu，*et al*，2008）。

二、转基因抗虫棉对非靶害虫的影响

目前转 *Bt* 基因抗虫棉主要针对的靶标害虫是棉铃虫、棉红铃虫、玉米螟、棉造桥虫等鳞翅目害虫。但是，棉田生态系统中中存在许多对 Bt 蛋白不敏感的非靶标害虫，也可能直接或间接地取食抗虫转基因植物，从而可能受到抗虫转基因植物的影响（刘标，2016）。大部分非靶害虫是刺吸式害虫，包括棉蚜、盲蝽、烟粉虱、蓟马、红蜘蛛和叶蝉等，这些非靶害虫对商业化种植的转基因抗虫棉表达的 Bt 蛋白不敏感（Wu，*et al*，2005）。

许多研究表明，随着转 *Bt* 基因棉种植面积的扩大，一些对 Bt 毒蛋白不敏感的非靶标害虫已成为转 *Bt* 基因棉田中的主要害虫，如棉蚜、蓟马、烟粉虱、棉盲蝽和棉叶螨等，其种群发生呈加重趋势，并呈现逐年上升的趋势（Wilson，*et al*，1992；崔金杰，夏敬源，1998；Lu，*et al*，2010）。

崔金杰等研究表明，由于小麦的屏障作用，夏棉苗蚜发生较轻，对照田、综防田、自控田百株苗蚜数量均显著低于百株 2 000 头的防治指标。夏棉田棉伏蚜有 2 个明显的发生高峰，综防田和自控田分别比对照田减少 25. 1%和增加 33. 1%；综防田比自控田减少 43. 7%；麦套夏棉田红蜘蛛在 7 月中旬有 1 个明显的发生高峰。综防田和自控田分别比对照田减少 18. 5%和增加 138. 9%，综防田比自控田减少 65. 9%；麦套夏棉田棉蓟马有 2 个发生高峰，综防田和自控田分别比对照田增加 315. 3%和 346. 0%，综防田比自控田减少 6. 9%。麦套夏棉田白粉虱主要发生在 7 月中旬以后，综防田和自控田分别比对照田增加 29. 0%和 68. 3%，综防田比自控田减少 23. 4%；棉叶蝉发生高峰期，综防田和自控田分别比对照田增加 14. 2%和 11. 5%，综防田比自控田增加 2. 4%。因此，转基因自控棉田棉蚜、叶螨、蓟马、白粉虱、棉盲蝽等刺吸式害虫种群数量均有不同程度地增加；进而研究转基因棉花 3 种不同种植模式下的昆虫群落，发现棉铃虫均不再是主要害虫，而棉叶螨、棉蚜和棉蓟马等刺吸式害虫上升为主要害虫（崔金杰，夏敬源，1998；崔金杰等，1999）。

转 *Bt* 基因棉棉田苗期蚜虫比常规棉不治虫的棉田减少 14.3%，比常规棉治虫的棉田增多 82.7%，花铃期的伏蚜比常规棉不治虫的棉田增多 8.0%，比常规棉治虫的棉田增多 67.5%；转 *Bt* 基因棉比常规棉不治虫的棉田红蜘蛛、盲椿象分别减少 31.1%、3.1%，比常规棉治虫的棉田红蜘蛛、盲椿象分别增多 88.1%、40.2%；转 *Bt* 基因棉比常规棉不治虫棉田的白粉虱、棉叶蝉分别增多 58.8%、15.3%，比常规棉治虫棉田的白粉虱、棉叶蝉分别增多 70.6%、62.3%。

也有研究表明，转 *Bt* 基因棉对非靶标害虫棉蚜没有明显影响。Velders 等通过田间小区试验研究了转 *Bt* 基因棉和转双价基因（*Bt*+*CpTI*）棉对棉苗蚜的影响，结果表明转基因抗虫棉对棉蚜种群数量的影响不明显（Velders 等，2002）。

郭慧芳等（2003）在室内采用转基因抗虫棉叶连续饲喂棉蚜 11 代，取食转基因棉的棉蚜的净增殖率与取食常规棉的棉蚜无差异，内禀增长率在第 8 代则取食转基因棉棉蚜显著高于取食常规棉的棉蚜。

王武刚等（1999）对河南新乡棉区种植的转 *Bt* 基因棉和常规棉棉田虫情进行了定点系统调查和大田普查，结果表明与常规棉相比，*Bt* 棉田棉蚜的自然发生消长无明显差异。

邓曙东等（2003）2000—2001 年在湖北棉区系统研究了转 *Bt* 基因棉对棉田非靶标害虫及天敌种群动态的影响。试验设 3 个处理：转 *Bt* 化防田（使用化学农药控制害虫）、转 *Bt* 自控田（仅依靠田间自然天敌控制害虫）及常规对照棉田（利用综合防治措施控制害虫）。结果表明，在转 *Bt* 基因棉田中，除棉蓟马外，其他主要非靶标害虫（主要是刺吸性害虫）的种群发生数量呈明显的上升趋势。2000 年棉蚜发生的总计值，化防田和自控田分别比常规对照田增加 37.9%和 71.4%，2001 年则分别增加 92.5%和 134.9%；2000 年朱砂叶螨发生的总计值，化防田和自控田分别比常规对照田增加 181.1%和 298.3%，2001 年则分别增加 69.9%和 105.0%（邓曙东等，2003）。孙长贵等（2002）研究表明，转 *Bt* 基因棉田棉蚜和棉盲蝽等刺吸性害虫发生数量加重（孙长贵等，2002）。

同样，杨益众等通过调查多个转基因抗虫棉品种连续多代的棉蚜种群数量，发现转基因棉田的棉蚜数量及增长趋势均高于常规棉田（杨益众等，2006）；王留明等发现与常规棉田相比，转基因抗虫棉田中朱砂叶螨种群有明显的上升趋势（王留明等，2001）。然而，也有研究结果表明，与常规棉相比，转基因抗虫棉棉蚜田间种群数量呈下降趋势，但差异不显著（雒珺瑜等，2012）。Men 等连续多年调查转基因棉田棉蚜种群数量，发现不同年份，转基因棉花对棉蚜的影响存在差异（Men，*et al*，2004）。

王海燕等（2011）利用室内 *Bt* 棉叶片饲养试验，观测了棉蚜和龟纹瓢虫的生命表参数，结果表明，*Bt* 棉上的棉蚜若虫繁殖力和蜕皮率略高于常规棉，若虫生长历期缩短 0.5 d 左右；用 *Bt* 棉田的棉蚜饲喂的龟纹瓢虫，其生长发育、存活率以及繁殖力等未受到影响。

李海强等（2018）采用离体叶片组建生命表参数的方法研究了转基因抗虫棉对棉蚜个体生长发育及繁殖能力的影响。结果表明，转基因抗虫棉对棉蚜发育速度、成蚜寿命、4 龄若蚜体重、成蚜繁殖力无明显影响。

转基因 *Bt* 棉花的种植，虽然靶标害虫的发生程度下降，化学农药的用量减少，使得天敌昆虫的种类和数量上升，但天敌控制作用较差的害虫逐渐上升为重要害虫。Lu 等分析了 1997—2009 年华北 6 省盲蝽的种群数量，发现转基因抗虫棉田的盲蝽数量及为害呈逐年加重趋势（图 4-1），进而推测棉田杀虫剂使用量减少后，为棉田盲蝽象的种群增长提供空间，使棉田由原来区域性种群的“诱杀陷阱”转变为多种作物的虫源地，最终导致盲椿象的区域性种群剧增、在多种作物上猖獗为害（Lu，*et al*，2010；Lu，*et al*，2011）。同样，孙长贵等也发现转基因 *Bt* 棉田棉蚜和棉盲蝽发生数量显著高于常规棉（孙长贵等，2002）。Zhang 等调查了 1991—2015 年我国 51 个县的 3 种主要棉花害虫的土地利用、转基因抗虫棉的种植、天气、害虫严重程度以及杀虫剂使用数据，结果表明 *Bt* 棉花种植后对棉田害虫复合体具有普遍的影响，由于转基因抗虫棉种植面积的扩大（图 4-2），控制棉铃虫的杀虫剂使用减少（图 4-3），恢复了对蚜虫的生物防治而减少了蚜虫的严重程度，但盲蝽的为害等级却上升了；此外，棉花蚜虫和盲蝽的严重程度随着土地利用多样性的增加而降低，但棉铃虫的严重程度与土地利用多样性无关，因此，转基因作物作为害虫综合治理是一个重要的组成部分，但也应该注意农业生态系统和气候等其他因素的影响（Zhang，*et al*，2018）。

上述研究均表明，转基因棉花对非靶标生物没有明显的影响。可能有以下几个原因：①在转 *Bt* 基因棉田中，由于棉铃虫等靶标害虫的为害减轻，大大改善了棉花长势，并减少了田间化学农药的使用，一些非靶标害虫得到了更好的营养条件和更为宽松的生存环境，从而使其为害加重；②转*Bt* 基因棉植株

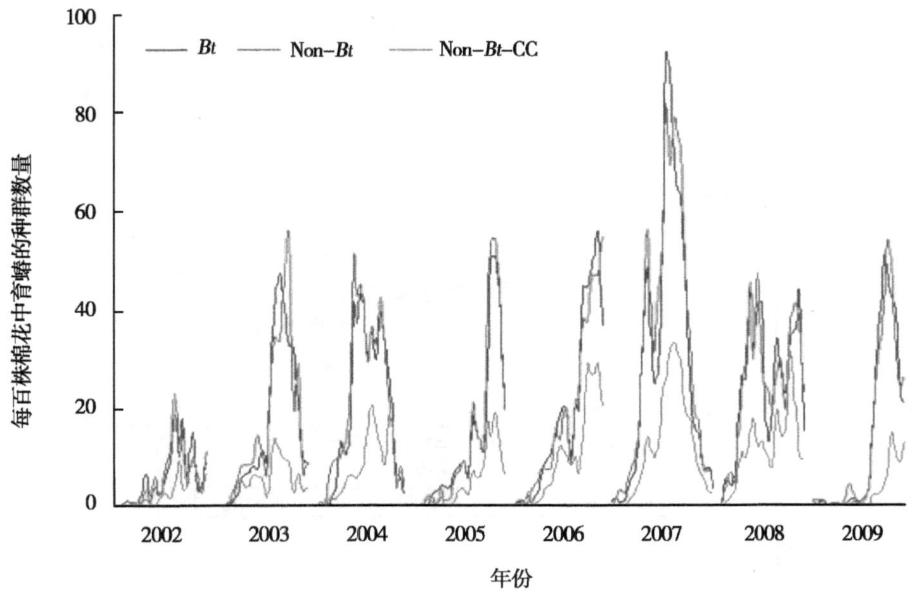

Bt：转基因棉田；Non-*Bt*：未喷施杀虫剂的非转基因棉田；Non-*Bt*-CC：喷施杀虫剂的非转基因棉田

图 4-1　2002—2009 年不同管理模式下棉田中盲蝽的种群数量（Lu，*et al*，2010）

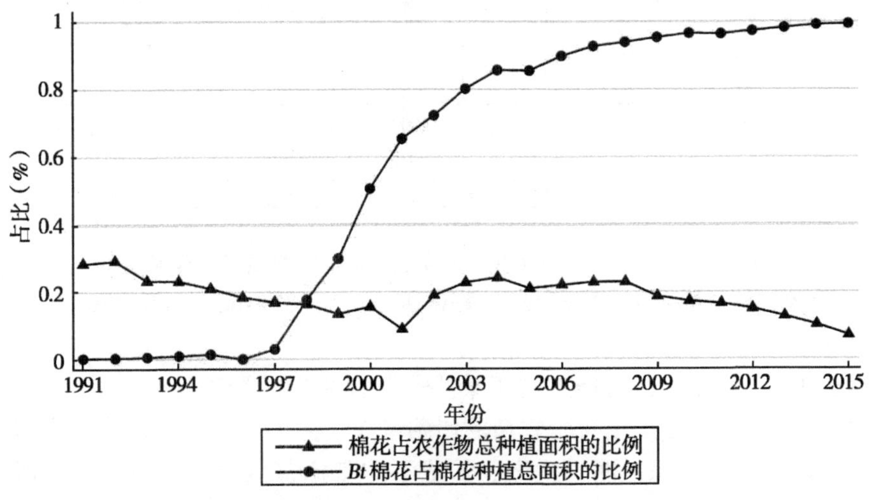

图 4-2　1991—2015 年采集样本中转基因 *Bt* 棉花面积占棉花总面积的比例（Zhang，*et al*，2018）

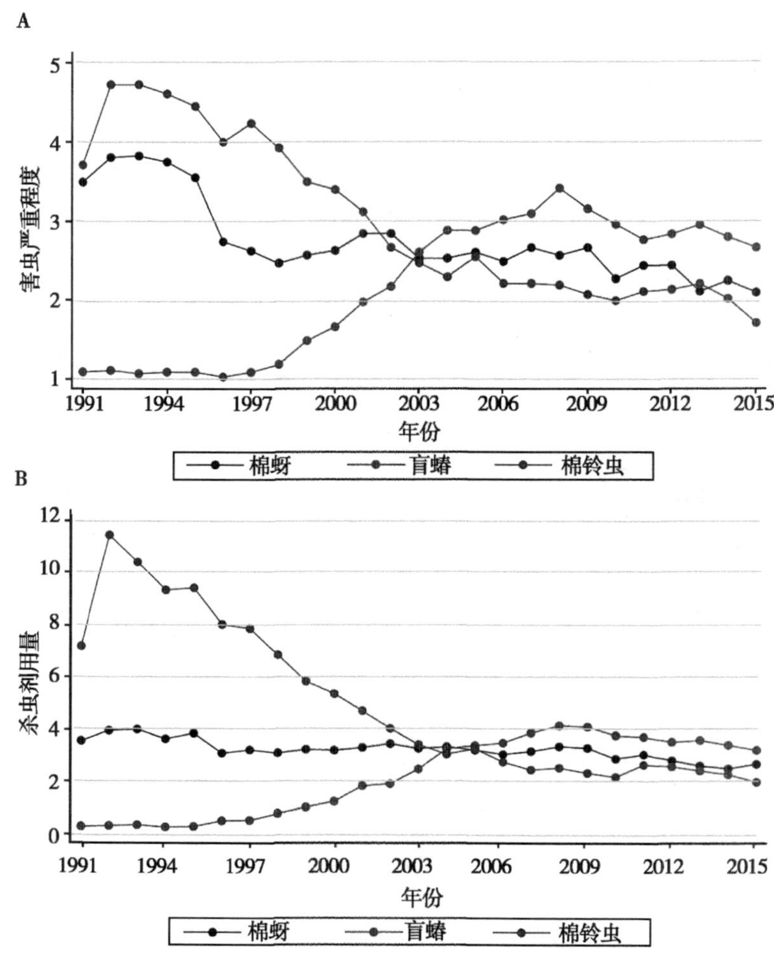

图 4-3 1991—2015 年采集样本所在县的棉花害虫严重程度（A）和防治棉蚜、盲蝽和棉铃虫的杀虫剂用量（B）（Zhang，*et al*，2018）

内含物和生理代谢变化可能有利于某些非靶标害虫的严重发生；③转 *Bt* 基因棉花的大面积种植使棉田化学农药的使用量大大减少，由于不防治 2 代棉铃虫和减少 3、4 代棉铃虫的防治次数，造成了非靶标害虫的猖獗为害，特别是在气候适宜的年份往往发生较重。另外，转 *Bt* 基因棉对非靶标害虫有多方面的影响，既有生态方面的因素，也有动植物生理等方面的因素，而且这些因素之间还相互影响（李博等，2011）。

三、转基因抗虫棉对天敌昆虫的影响

由于化学杀虫剂使用后，虽有效防治靶标及非靶害虫，但对一些天敌昆虫也造成伤害。转 *Bt* 基因抗虫棉田天敌主要分为两大类：捕食性天敌和寄生性天敌。转基因抗虫棉种植以后，靶标害虫减少，其寄生性天敌数量也随之下降（闫亮珍等，2011）。转 *Bt* 作物产生的杀虫蛋白可通过害虫传递给天敌昆虫，进而通过食物链在生物体内积累，驱动生态系统的级联效应（Wei，*et al*，2008）。比如靶标害虫死亡后导致天敌的减少，且存活的害虫由于营养状况的下降，对天敌也会产生不利影响。此外，由于天敌靶标害虫的减少，从而降低转基因抗虫棉田天敌种群的丰富度。因此，天敌数量的减少可能在一定程度上降低了对靶标和非靶标害虫种群的控制（关正君等，2018）。

天敌作为害虫综合防治中的重要作用因子，其功能不仅仅在维护生态环境的多样性和稳定性，而且会直接或间接影响作物的品质，因此研究转基因抗虫棉对靶标害虫天敌的影响是安全评价的重要内容。

（一）对捕食性天敌的影响

捕食性昆虫可能不但间接，而且直接受到转基因植物的影响。多数研究结果显示转基因植物对捕食性天敌的个体生长发育、生殖、捕食行为等方面没有不良的影响（AI-Deeb，*et al*，2001；Armer，*et al*，2000；Birch，*et al*，1999；Dogan，*et al*，1996；Riddieck，*et al*，2000；崔金杰等，1999），也有发生变化的试验结果，如 Hilbeck 等（1998）观察了丽草蛉取食用转基因玉米和常规玉米处理的欧洲玉米螟后，对其生长发育和死亡率有明显的影响。前者死亡率为62%，对照为37%；前者发育时间延长，成虫发育时间比对照慢 3 天。Birch 等（1999）也发现瓢虫取食用转基因马铃薯处理的蚜虫后生殖力下降，寿命缩短。

在捕食性天敌中，成虫通常兼性或专性取食植物（Jervis，1996）。从赵清（2006）对棉田整个生长季节常发性的活动的 8 科 16 种广谱性捕食性天敌和蜘蛛类的室内毒性测定汇总结果表明，转基因植物花粉和汁液对捕食性天敌没有直接毒性。

另外，刘杰通过室内饲养观察发现，草间钻头蛛、八斑鞘腹蛛取食转基因棉叶处理的棉铃虫幼虫与取食普通棉叶处理的棉铃虫幼虫的发育历期、成蛛体重都没有明显差异。不同猎物饲养成熟的草间钻头蛛对同种处理的棉铃虫幼虫的捕食行为也没有明显差异。利用转基因棉叶饲喂棉铃虫初孵幼虫再用该虫分别饲喂草蛉、龟纹瓢虫、七星瓢虫、大眼蝉长蝽、草间小黑蛛等捕食性天敌，发现这些天敌的捕食量均大于对照，瞬时攻击力平均高于对照。其中日最大捕食量为常规棉对照的 1.5～3.0 倍，处理 1 头猎物的时间为常规棉对照的 33.3%～66.2%，瞬间攻击率为常规棉对照的 1.1～1.4 倍（刘杰等，2006）。

董亮等（2003）和郭建英等（2005）也研究比较了两种转 *Bt* 基因抗虫棉和常规棉棉蚜对丽草蛉发育和繁殖的影响，发现与取食常规棉上棉蚜相比，取食转 *Bt* 基因抗虫棉上棉蚜的第 1 代和第 2 代丽草蛉幼虫期和茧期的死亡率、发育历期、茧重及成虫性比等均与对照无明显差异，但第 1 代成虫的产卵量减少了 288.0 粒，第 2 代成虫所产卵的孵化率降低了 17.6%。而以转 *Bt* 基因抗虫棉和常规棉上的棉蚜饲喂中华草蛉，发现不同处理间中华草蛉幼虫和茧的死亡率以及成虫无显著差异。

高峰等（2013）以泗棉 3 号和 GK-12 为材料，以棉蚜为猎物，研究了转基因抗虫棉对中华草蛉的影响，研究发现转基因抗虫棉对中华草蛉幼虫期存活率、幼虫发育历期、蛹发育历期与对照差异均不显著；对成虫寿命、体重以及雌虫繁殖力也无显著差异。

崔金杰等研究表明转 *Bt* 基因棉田的捕食性天敌总量均较常规棉明显增加，麦套和单作转 *Bt* 基因棉田百株平均捕食性天敌总量分别增加 26.9%和 7.8%，种植转 *Bt* 基因棉能有效地保护增殖捕食性天敌（崔金杰，1997）。夏敬源等（1999）研究发现龟纹瓢虫、七星瓢虫、草间小黑蛛和大眼蝉长蝽对用转 *Bt* 基因棉叶片处理 12 h 的棉铃虫初孵幼虫的日最大捕食量为常规棉对照的 1.5～3.0 倍，处理一头猎物的时间（Th）为常规棉对照的 33.3%～66.2%，瞬间攻击率（a）为常规棉对照的 1.1～1.4 倍。说明转 *Bt* 基因棉不仅能直接毒杀目标害虫，而且能间接提高目标害虫的被捕食率。

束春娥等（2002）在江苏棉区的南京、盐城两地种植转基因抗虫棉 GK22，研究观察其对棉田捕食性天敌种群数量和动态的影响。结果表明，抗虫棉 GK22 对棉田捕食性天敌种类和数量没有明显不良影响。全期南京点共计 15 次调查，抗虫棉 GK22 区百株累计查到捕食性天敌总数 1 497.17 头，比常规对照棉区的 1 606.8 头少 6.82 %；盐城点全期 19 次调查，GK22 区百株捕食性天敌总数累计 1 228 头，比对照区的 1198 头增加 2.5 %，差异均未达到显著水平。

Marvier 等（2007）对美国 42 个地区大量试验研究显示，在转 *Bt* 棉田中非靶标无脊椎动物的数量明显高于采用杀虫剂进行管理的非转基因作物所在田块，但与不使用杀虫剂的控制区域相比，转 *Bt* 基因田块非靶标害虫的数量则相对较少（Marvier，*et al*，2007）。

转基因棉对捕食性天敌的影响，有很多是通过食物链（包括植物，害虫和天敌）进行的研究。Li 等用取食了转 *Cry1Ac+Cry2Ab* 基因棉的粉纹夜蛾饲喂斑点瓢虫，发现斑点瓢虫的存活率、发育历期、成虫体重和繁殖力等并没有受到显著性的影响（Li，*et al*，2011）。龟纹瓢虫取食了转基因棉棉蚜后，其存活率、发育历期、寿命、体重和繁殖等指标也没有发生显著的变化（Zhu，*et al*，2006）。Zhao 等研究龟纹瓢虫取食转基因棉棉蚜后，龟纹瓢虫的存活率、成虫体重和产卵量没有显著性的变化，因此 Bt 蛋白可以通过食物链传递给龟纹瓢虫，并且对龟纹瓢虫的生长发育及繁殖没有不利影响（Zhao，*et al*，2016）。Lu 等调查了 1990—2010 年华北地区 6 省 36 个采集点的天敌昆虫和蚜虫的数量，结果发现杀虫剂使用量减少后，天敌昆虫种群数量上升，促使华北地区棉花伏蚜种群发生程度明显减轻（图 4-4 和图 4-5），因此种植 *Bt* 棉花后，农药使用的减少使棉田捕食性天敌种群数量上升，天敌的增加不仅有效抑制了华北地区棉花蚜虫的发生和为害，而且天敌也进入大豆、花生、玉米等相邻作物大田，显著提升了整个农业生态系统的生物防治功能（Lu，*et al*，2012）。

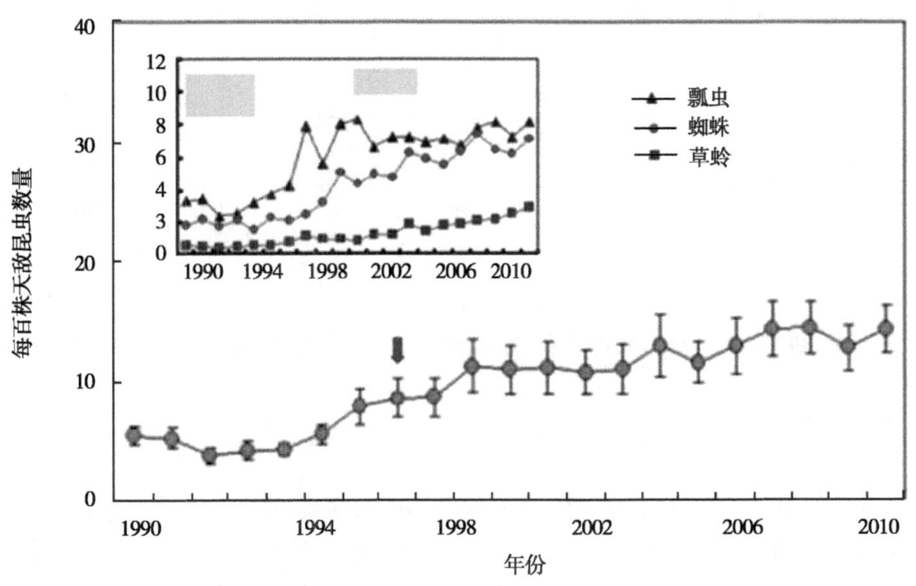

图 4-4　36 个采集点天敌昆虫数量（Lu，*et al*，2012）

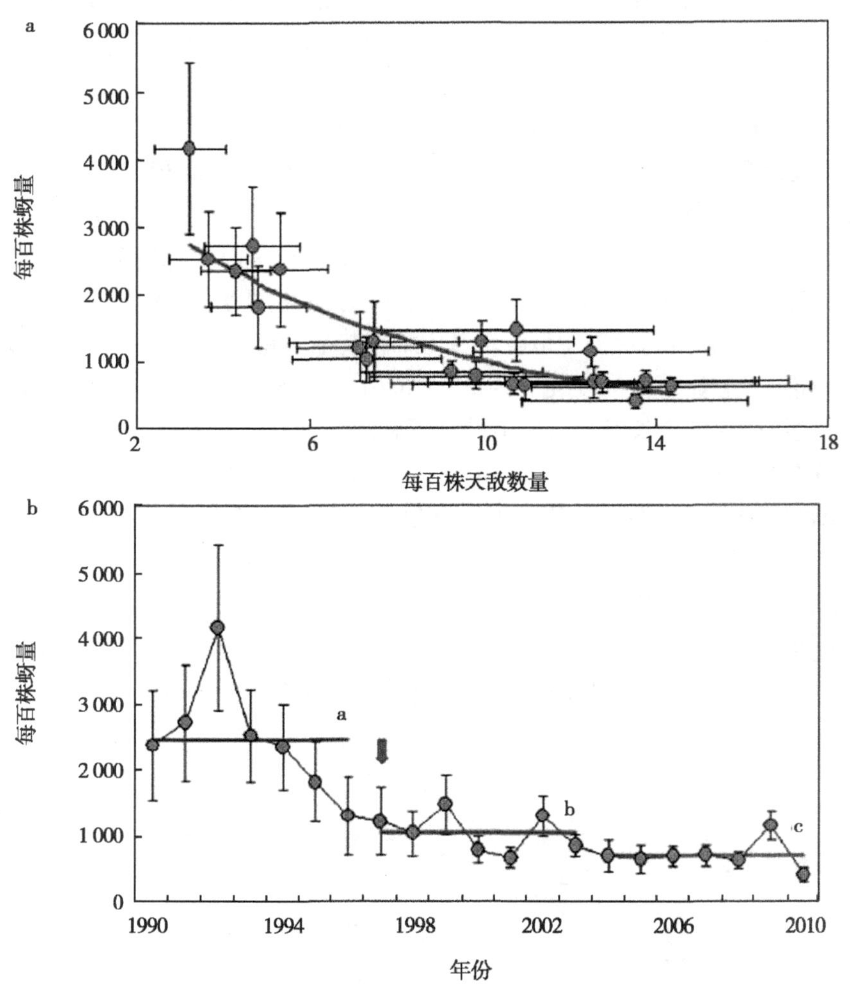

a：百株蚜量和百株天敌数量；b：百株蚜量与年份

图 4-5　1990—2010 年华北棉区棉蚜种群丰度与天敌数量的关系（Lu，*et al*，2012）

（二）对寄生性天敌的影响

有关转基因抗虫植物对寄生性天敌个体的直接毒性测定未见报道，且对寄生性天敌的间接影响研究尚少（表 4-1）。转基因植物对寄生性昆虫的毒性可能通过几个途径产生。大部分寄生性昆虫的幼虫依赖取食植食性昆虫幼虫而完成生长发育：某些寄生蜂成虫也取食寄主（Jervis，*et al*，1996），还有些寄生性昆虫，成虫则需要取食植物花粉或花蜜（Jervis，*et al*，1996）。此外，转基因植物本身或者释放的信息素的改变可能会影响寄生蜂的搜寻行为（Veterance，*et al*，1992）。靶标寄主的体型变化（变小）可能使寄生蜂产更多的雄性后代（Godfray，1994）。总体上对寄生蜂个体的影响取决于转基因植物对其寄主的毒性水平，如果是亚致死水平，则对寄生蜂的生长发育无毒副作用。

表 4-1　转基因抗虫植物对寄生性天敌的影响（赵清，2006）

寄生性天敌昆虫	研究材料与方法	对天敌昆虫的影响	参考文献
索诺齿唇姬蜂	在田间罩笼里接入取食转 *Bt* 烟草的初孵烟蚜夜蛾幼虫和寄生蜂，调查 6 日龄幼虫死亡率；将初孵幼虫暴露在田间 1 d 或多天供寄生蜂寄生	寄生蜂的存在使幼虫死亡率提高，与抗虫植物有增效作用；当幼虫暴露 1 d 时田间日寄生率降低，暴露多天时则增加	Johnson，1997
棉铃虫齿唇姬蜂、倒沟绿茧蜂	把 2 龄棉铃虫幼虫和姬蜂放入有 *Bt* 棉和常规棉的瓶中 3 d	寄生率，羽化率，蜂茧重和蜂重等均明显低于对照	崔金杰等，1999
黑卡茧蜂	田间罩笼里接入取食转 *Bt* 烟草初孵烟蚜夜蛾幼虫和寄生蜂，调查 6 日龄幼虫死亡率；将初孵幼虫暴露在田间 1 d 或多天供寄生蜂寄生	寄生蜂的存在未使幼虫死亡率提高对叶片上的幼虫寄生率明显高于顶芽上的寄生率	Johnson，1997
小菜蛾绒茧蜂	给绒茧蜂提供取食转 *Bt* 基因油菜的小菜蛾幼虫的敏感和抗性品系，以及取食常规油菜的小菜蛾幼虫	对绒茧蜂成虫行为和幼虫存活无不良影响	Schuler，1999
菜蚜茧蜂	室内大罩笼重混种转 *Bt* 基因和常规油菜，接种蚜虫后释放寄生蜂	寄生率在转基因与常规油菜上均高	Schuler，2000
长角姬小蜂	给姬小蜂提供用转 GNA 基因马铃薯叶片喂养的番茄夜蛾幼虫（从 3 或 4 喂到 5 龄）	对姬小蜂寄生，及其后代的大小，抱卵量和寿命等无不良影响	Bell，*et al*，1999
	温室中种转 GNA 基因和常规马铃薯，接种番茄夜蛾幼虫后释放寄生蜂	寄生蜂的存在使害虫为害明显减轻与转基因植物间有增效作用	Bell，*et al*，2001

研究表明，转基因棉花对寄生性天敌的种群数量会造成一定影响。例如，研究表明对 Bt 敏感的植食性害虫取食了转基因棉后，再用这些植食性昆虫去饲喂捕食性天敌，天敌昆虫的生物学指标（幼虫的存活率，体重等）可能会受到负面的影响（Zhang，*et al*，2006）。棉铃虫齿唇姬蜂寄生了取食转基因棉的棉铃虫之后，姬蜂幼虫的体重、蛹重和成虫体重都有显著性的降低，卵和幼虫的发育历期有显著的延长，而蛹的历期无明显变化（Liu，*et al*，2010）。同

样有文献表明，对转基因棉敏感的植食性害虫取食了转基因棉后，会对寄生性天敌的存活率，生长发育和繁殖造成不利影响（Liu，*et al*，2005）。但是，这些不利影响是由对转基因棉敏感的植食性害虫间接引起的，而并不是由转基因棉中的 Bt 蛋白造成的（Wang，*et al*，2007；Liu，*et al*，2011）。原因可能是转基因棉田靶标害虫的数量较少，加之大多寄生性天敌寄主专一性强，对寄生性天敌种群造成一定的影响。因此，转基因抗虫棉对天敌昆虫的影响需要持续的研究。

四、对棉田节肢动物群落的影响

（一）对节肢动物群落结构和组成的影响

崔金杰等（2002）研究表明，麦套夏播转 *Bt* 基因棉在自然控制（自控田）和综合防治（综防田）条件下，与麦套夏播中棉所 16 棉田（对照田）的种类丰富度差异较大。如自控田昆虫群落组成有 13 个目、54 个科、86 种；综防田昆虫群落组成有 13 个目、44 科、75 种；对照田昆虫群落组成有 13 个目、55 个科、98 种。可见，三种不同处理的麦套夏棉的昆虫群落、天敌亚群落、害虫亚群落的种类丰富度均为对照田>自控田>综防田。王凤延等（2003）调查了转 *Bt* 基因抗虫棉田昆虫群落的物种组成，共调查到昆虫种类 51 种，比非抗虫棉田增加 18 种。李桂亭等（2006）也比较了转基因抗虫棉田节肢动物群落的结构以及害虫、天敌优势种群动态，利用功能团、营养层的分析，群落物种构成及各种群数量动态，田间系统调查共记录棉田害虫 35 种，捕食性天敌 24 种，中性节肢动物 6 种。按照各物种的功能和地位将所调查的 62 种节肢动物划分 14 个功能团，根据各功能团在节肢动物中功能特征划分为 7 个类群，同时根据棉田节肢动物的营养关系将其划分为基位物种、中位物种和顶位物种 3 个营养层；群落主要优势种的空间格局及其动态棉田节肢动物群落害虫优势种主要为棉蚜、粉虱、棉叶螨、棉盲蝽；捕食性天敌优势种主要为四点亮腹蛛、龟纹瓢虫、T-纹豹蛛、草间小黑蛛、八斑球腹蛛、华姬猎蝽、小花蝽、青翅隐翅虫；棉田节肢动物害虫、捕食性天敌的空间格局均表现出个体间相互聚集特征，其聚集程度随时间状态发生变化，天敌的空间分布格局反映了不同天敌对生境条件的选择，与猎物的选择密切相关在棉花不同部位的分布比例，如四点亮腹蛛、T-纹豹蛛、草间小黑蛛、等为下部>中部>上部；粉虱、棉盲蝽为上部>中部>下部；棉蚜在（6 月 20 日前）上部>下部>中部；棉叶螨在前期为下部大于上部，后期为上下波动不大，均大于中部；龟纹瓢虫在（7 月 10 日前）为上部>中部>下部。

（二）对个体总数和丰盛度的影响

崔金杰（2002）研究结果表明，3 种处理棉田的总个体数和丰富度差异显著，自控田的个体总数（29 914 头）>综防田（22 252 头）>对照田（18 472 头）。对照田由于棉铃虫为害严重，棉花顶尖及叶片脱落和减少，食物资源减少，致使其他害虫种群增长受到抑制，从而昆虫群落的个体数也明显减少。综合防治措施使得综防田的昆虫种群数量变化幅度不大，稳定性较好，基本可控制害虫的大暴发。而自控田由于不同的昆虫发生时期，棉田昆虫群落的波动较大，群落稳定性较差。丰盛度方面，自控田害虫类的相对丰盛度明显高于其他两个处理棉田，存在害虫大发生的潜在威胁。

（三）对优势种和优势度的影响

崔金杰等（2002）调查结果显示，对照田的优势害虫种类有红蜘蛛、棉蚜、棉蓟马、棉铃虫，综防田有红蜘蛛、棉蓟马、棉蚜，自控田有红蜘蛛、棉蓟马、棉蚜。可见，棉铃虫已不是转基因棉田的主要害虫，而红蜘蛛、棉蚜、棉盲蝽、棉蓟马等刺吸性害虫则上升为主要害虫，且优势度明显高于对照田。王凤延等（2003）的研究结果也表明转 *Bt* 基因抗虫棉田昆虫群落内各类群相对多度，相对多度前几位的是棉蚜、烟蓟马、棉叶螨、烟粉虱和美洲斑潜蝇。转 *Bt* 基因抗虫棉田其他害虫种群数量上升，棉铃虫种群数量下降。对物种优势度进行了分析，转 *Bt* 基因抗虫棉田不同时期害虫的优势度随着时间的变化，优势度最大的昆虫依次是棉蚜、棉叶螨、美洲斑潜蝇、烟蓟马、烟粉虱等；天敌在各个生育期内以龟纹瓢虫和中华草蛉优势度最高（崔金杰等，2002）。

（四）对优势集中性的影响

有研究结果显示，3 种处理棉田昆虫群落的优势集中性为自控田>对照田>综防田，和 3 种处理棉田害虫亚群落的优势集中性顺序相同，如对照田昆虫群落的优势集中性为 0. 172 0，亚群落的优势集中性为蜘蛛类为 0. 459 2，寄生性天敌类为 0. 416 8，捕食性天敌类为 0. 394 6，害虫类为 0. 278 7；综防田昆虫群落的优势集中性为 0. 124 9，各亚群落的优势集中性为寄生性天敌类为 0. 841 2，捕食性天敌类为 0. 600 4，蜘蛛类为 0. 473 6，害虫类为 0. 190 6；自控田昆虫群落的优势集中性为 0. 336 3，各亚群落的优势集中性为寄生性天敌类为 0.813 6，捕食性天敌类为 0.534 6，蜘蛛类为 0.467 4，害虫类为 0.451 7。说明自控田某种害虫在群落中的个体数占有较大的比例，其种群的变化对害虫亚群落乃至整个群落有较大的影响，该种害虫大发生的可能性较大（崔金杰等，2002）。

从昆虫群落、害虫和天敌亚群落优势集中性的时间格局来看，不同处理棉田不同月优势集中性值差异较大。昆虫群落在 9 月以前 3 种处理棉田的优势集中性普遍较高，9 月以后趋于平缓。说明 9 月以前，自控田某种昆虫的数量在群落中占的比例较大（崔金杰等，2002）。而自控田害虫亚群落的优势集中性均最高，综防田除 7 月优势集中性低于对照田外，其他月份均高于对照田。说明 9 月以前自控田某种害虫在群落中占有很大的比例，大发生的可能性较大；7 月是棉花生长的最旺盛的时期，昆虫种群数量和种类也是较多的时期，对照田某种害虫也有大发生的可能性（崔金杰等，2002）。天敌亚群落的优势集中性变化较平缓。由此可见，综防田在整个棉花的生长期其天敌的优势集中性>自控田>对照田。结果表明，综防田某种天敌的数量在整个群落中占有较大的比例，对抑制害虫种群增长起着决定性的作用（崔金杰等，2002）。

（五）对多样性的影响

群落多样性是反映群落稳定性的一个重要尺度和因素，是生物群落的重要特征。通常情况下，一个生物系统中生物群落的多样性参数值越大，其反馈系统也就越强大，对于环境的变化或来自群落内部种群波动的缓冲作用越强。这样的昆虫群落优势种的优势度不会太大，害虫也就不容易大发生（崔金杰等，2002）。

崔金杰等（2002）研究结果显示，3 种处理棉田昆虫群落的多样性为对照田为 2.511 4，综防田为 2.484 6，自控田为 1.818 1；害虫亚群落的多样性为综防田为 1.985 9，对照田为 1.924 4，自控田为 1.337 1；天敌亚群落的多样性为对照田为 2.078 6，自控田为 1.831 3，综防田为 1.780 8。

不同生态系统的生物多样性格局在不同的区域和时间均不同。自控田、对照田和综防田昆虫生物多样性时间格局表现为 6 月小麦收割后，对照田和自控田的多样性在不同程度上有所下降，而综防田是由于进行了综合防治措施，其多样性则有所增加；7—8 月，棉株的生长发育较快，植株的长势也较旺，昆虫可用于取食的食物资源也较多，其种类和丰盛度随之增加，从而多样性又逐渐增加；9 月以后，棉株生长逐渐进入衰退阶段，很多昆虫也由于食物资源的逐渐减少而迁出棉田，多样性开始下降。3 种处理棉田相比，整个棉花生长季节，自控田昆虫群落的多样性最低，综防田昆虫群落的多样性变化幅度最小，呈平缓上升趋势，对照田昆虫群落的多样性变化幅度较大。门兴元等（2003）也研究了在棉花生长的早期、中期和后期转基因 *Bt* 棉和常规棉两种棉田的节肢动物群落、害虫亚群落和天敌亚群落多样性。*Bt* 结果表明，GK 12 未防治区的节肢动物群落多样性指数和害虫亚群落的多样性指数在棉花生长前期和后期要高于泗棉 3 号未防治区；GK 未防治区的天敌亚群落多样性指数在棉花生长后期高于泗棉 3 号未防治区，在棉花生长的早期和中期，两者的大小没有表现出显著性差异。研究结果也表明，棉花品种和化学防治措施的共同作用是影响棉田生态系统节肢动物群落和天敌亚群落多样性指数的主要因子（崔金杰等，2002）。

（六）对均匀度的影响

对综防田、对照田和自控田昆虫群落的均匀度分析结果表明，综防田昆虫均匀度为 0.575 5，对照田为 0.547 7，自控田为 0.408 2，与对照田相比，综防田的均匀度变化差异较小，但该两种棉田昆虫群落均匀度均高于自控田；害虫亚群落的均匀度也表现为综防田>对照田>自控田，综防田由于采取了综合防治措施，保护增殖了自然天敌，同时根据害虫发生时期适时防治了害虫，各种害虫之间的数量差异不大，故其均匀度最高；对照田由于大量的鳞翅目害虫为害棉株上的多种部位，致使植食性害虫的食物资源相应的减少，从而间接地抑制了其他害虫种群的增长，昆虫种群间个体数的差异不显著，其害虫亚群落的均匀度较高；自控田是由于转基因抗虫棉对鳞翅目害虫有比较好的控制效果，棉株受害轻，为其他昆虫特别是刺吸性害虫种群提供更多的食物资源，故害虫种群间个体数有较大的差异，则其均匀度最小；天敌亚群落的均匀度表现为对照田>自控田>综防田，因为对照田害虫发生较重，一些捕食性和寄生性天敌种类和数量较为丰富，物种间相互制约及群落内部形成有机的联系，致使天敌间个体数无明显的差异，则其均匀度较高，而转基因棉田害虫发生相对较轻，天敌种类较为单一，物种间个体数量差异较大，故其均匀度较小（崔金杰等，2002）。

（七）对复杂度的影响

$\log Nx = a + bx$ 模型被概括为将田间调查所得的系统资料进行复杂度分析表明群落中的种与其对应的个体数的相关系数值均在 0.7 以上，说明棉田昆虫群落中种与个体数间关系符合该模型。在模型的个参数中，如果参数 b 在种间个体数差异大时其值变小，而种间个体数差异小时其值变大，故 b 值被认为与群落的复杂度成正比（崔金杰等，2002）。

自控田、综防田和对照田昆虫群落复杂度表现为：自控田昆虫群落复杂度波动范围最大，时间格局上表现为 7 月最低，8 月中旬以前低于其他两类处理棉田，表明该群落此期种间个体数差异较大，某种或某几种昆虫在整个群落中占有绝对优势，一旦适宜的条件存在，则可能会大暴发为害；综防田昆虫群落复杂度低于对照田，但高于综防田，表明该群落和自控田相比，种间个体数差异较小，但种间相互关系较为复杂，群落的稳定性较强；3 种处理棉田中对照田昆虫群落的复杂度最高，说明该群落物种之间个体数差异最小，相互关系最为复杂，群落则为最稳定（崔金杰等，2002）。

（八）对昆虫群落相似性的影响

在一定程度上反映农田群落的演替变化和相互关系，用相似性程度表示则为群落相似性。对照田和综防田比较，昆虫群落的群落系数为 0.603 1、害虫亚群落为 0.735 9、天敌亚群落的群落系数为 0.800 0，其中捕食性天敌亚群落为 0.746 7、寄生性天敌为 0.186 6、蜘蛛类为 0.960 4；对照田和自控田比较，昆虫群落的系数为 0.663 5、害虫亚群落为 0.617 0、天敌亚群落的群落系数为 0.857 7，其中捕食性天敌亚群落为 0.870 7、寄生性天敌为 0.236 1、蜘蛛类为 0.960 3；综防田和自控田比较，昆虫群落的群落系数为 0.672 5、害虫亚群落为 0.631 5、天敌亚群落的群落系数为 0.855 7，其中捕食性天敌亚群落为 0.778 5、寄生性天敌为 0.736 0、蜘蛛类为 0.956 6。

可见，综防田和自控田两种处理棉田昆虫群落的相似性及天敌亚群落的相似性和寄生性天敌亚群落的相似性最高；对照田和综防田害虫及蜘蛛亚群落的相似性最高，但寄生性天敌亚群落的相似性最低；对照田和自控田捕食性天敌亚群落的相似性最高。上述结果说明，与常规棉相比，转基因棉对棉田昆虫群落的相似性影响较大，特别是对寄生性天敌亚群落的影响较大，而对捕食性天敌及蜘蛛亚群落的影响较小；转基因棉田采取综合防治措施防治主要害虫以后，害虫亚群落和常规棉的相似性增加（崔金杰等，2002）。

（九）对稳定性的影响

群落的稳定性是指群落在一段时间过程中维持物种间相互组合及各物种数量关系的能力，以及在受到扰动的情况下恢复到原来平衡状态的能力，它包含了现状的稳定，时间过程的稳定，抗变能力和变动后恢复原状的能力。如果一个群落包含更多的生物种类，而且每个生物种类的个体数分布比较均匀，则它们之间就容易形成一个较为复杂的相互利用和相互制约关系。在这样的情况下，群落对于环境的变化或来自群落内部种群的波动的反馈系统和缓冲能力较大。从群落能流学方面来讲，多样性高的群落，食物链和食物网更加趋于复杂，群落内能流途径更多一些，如果某一条能流途径受到干扰被填塞不通，就可能由其他的线路予以补偿。群落的多样性、均匀度及优势集中性是群落组织水平的 3 个指标。一般而言，多样性指数和均匀度值较高而优势集中性值较低的群落，其稳定性较好（崔金杰等，2002）。

就昆虫群落而言，3 种处理棉田的多样性指数由高到低依次为对照田>综防田>自控田，均匀度指数为综防田>对照田>自控田，优势集中性为自控田>对照田>综防田；说明对照田最稳定，其次为综防田，自控田稳定性最差。3 种处理棉田害虫亚群落的多样性指数为综防田>对照田>自控田，均匀度指数为综防田>对照田>自控田，优势集中性为自控田>对照田>综防田；说明综防田害虫亚群落最稳定，其次为对照田，自控田稳定性最差，某种害虫大发生的可能性较大。3 种处理棉田天敌亚群落的多样性指数为对照田>自控田>综防田，均匀度指数为对照田>自控田>综防田，优势集中性为综防田>自控田>对照田；说明对照田天敌亚群落最稳定，其次为自控田，综防田稳定性最差（崔金杰等，2002）。因此，转基因抗虫棉种植以后，棉铃虫、红铃虫等许多鳞翅目害虫的为害程度减轻，棉田杀虫剂的使用量减少，天敌昆虫种群丰度增加，棉蚜的为害程度减轻，但盲蝽、叶螨、蓟马、烟粉虱等许多刺吸式害虫对棉花的为害呈加重趋势，但随之而来的可能导致棉田杀虫剂会再次加大使用，从而引起转基因抗虫棉田害虫种群的进一步演替。

五、转基因棉花对土壤微生物群落的影响

土壤微生物多样性与活性的保持是农业生态系统健康和稳定的基础（Kennedy，Smith，1995，Groffman，Bohlen，1999），农业活动尤其是农植物植被类型的改变对土壤微生物群落结构和活性具有显著的影响。自 1983 年 Vaeck 等首次报道转 *Bt* 晶体 *Bt* 杀虫蛋白基因抗虫植物产品——转基因烟草问世以来，转基因生物技术得到了迅猛发展，迄今为止已获得了 50 多种转基因抗虫植物。1996 年转基因植物开始进入大规模商业化种植（孙彩霞等，2002）。转基因技术能够通过提高植物产量，减少杀虫剂用量来降低成本，但随着转 *Bt* 基因植物的推广，人们一直比较关注害虫对转 *Bt* 基因植物重新产生

抗性、转 *Bt* 基因植物对非靶标昆虫的伤害及对昆虫群落多样性的影响（崔金杰等，2000）。近年来，转基因植物的产物（如抗虫蛋白）释放到环境（尤其是土壤环境）后，对土壤生物可能产生的影响也逐渐引起了人们的注意；许多学者对这方面作了系统的研究并取得了一定的进展。但在转基因植物对土壤生态系统的影响方面，研究工作相对较少，尤其对转基因抗虫棉方面的研究。2000 年，美国 EPA 将转基因植物对土壤生态系统的影响列为风险评价的重要组成部分（US EPA，2000）。土壤是生态系统中物质循环和能量转化过程的主要场所，转基因植物的外源基因可通过根系分泌物或植物残茬等途径进入土壤生态系统，土壤特异生物功能类群以及土壤多样性都有可能因此而改变（王建武等，2002；王忠华等，2002；Tapp H，1994；Tapp，Stotzky，1995）。遗传改良可能影响到植物分解速率和 C、N 水平，进而影响土壤生物、生态过程和肥力（王建武等，2002；Donegan，*et al*，1997）。转 *Bt* 基因植物释放的 Bt 杀虫蛋白进入土壤后能够积累并保持杀虫活性、其危害性可能比商业化 Bt 制剂防治害虫残留在土壤里的前毒素（protoxin）危害性更大，因它们不需要一定的 pH 值和特殊的蛋白水解酶来激活，就可直接作用于土壤生物体，引发一系列的反应，尤其是产生的级联效应可进一步扩大这种影响，最终可能会影响到整个土壤生态系统的安全（王建武等，2002；白耀宇等，2003；魏伟等，1999）。

另外，转基因抗虫棉在生长过程中可因植株残体、根系分泌物和花粉等向土壤中释放外源蛋白而成为土壤生物的食物。这些因素都可能对土壤生态环境带来不利影响。随着优质、抗病虫、耐逆境的转基因植物不断育成和释放应用，农田植被类型与特征随之发生了变化。由此引发的农田生物群落（包括土壤微生物群落）的变化及其对农业生态系统的健康与稳定所产生的影响，已成为全球关注的研究热点，基于公众对生物技术产品释放到环境中后可能引发的生态风险不确定性的担心而发起的全球性的行动，最早始于 20 世纪 70 年代。起先是科学家的行为，尔后是公众和政界的参与。在转基因植物的生态安全问题上，人们一直比较关注环境和生态风险方面，包括基因漂移导致的遗传污染、转基因逃逸、转基因的非靶标效应、抗病虫性衰退及生物多样性（尤其是昆虫群落多样性）下降、碳等元素循环发生变化等（Morra，1994；Trevors，*et al*，1994；钱迎倩等，1998）。在转 *Bt* 基因植物的生态安全问题中，人们一直比较关注的主要是害虫对转 *Bt* 基因植物重新产生抗性、转 *Bt* 基因植物对非靶标昆虫的伤害及对昆虫群落多样性的影响（Gould，*et al*，1997；崔金杰等，2000）。近年来，转基因植物的产物（如抗虫蛋白）释放到环境（尤其是土壤环境）后，对土壤生物可能产生的影响也逐渐引起了人们的注意。

转基因植物释放的 Bt 杀虫蛋白进入土壤有许多途径，其中最直接的途径包植株残体（Plam，*et al*，1996；Steven & Larry，1996；Tapp & Stotzky，1998；王建武等，2002）、根及根系分泌物（吴刚等，2000；Saxena & Stotzky，2000；吴刚等，2000）、花粉等。因此，转 *Bt* 植物的花粉落入田中也是转 *Bt* 植物释放的 Bt 杀虫蛋白进入土壤中的一条重要途径。且进入土壤中后，具有生物活性的杀虫晶体可被黏土矿物和有机矿物聚合体等土壤表面活性颗粒快速吸附形成结合态的 Bt 蛋白，会在很长一段时间内保持杀虫活性（Koskella & Stotzky，1997；Crecchio，*et al*，1998），而存在于土壤中的杀虫蛋白将会增加害虫产生抗性的风险，同时也对土壤生物中的非目标生物有一定的影响（Koskella & Stotzky，*et al*，1997）。有试验表明，纯化的 Bt 杀虫蛋白可被黏土矿物（蒙脱石和高岭石）、腐殖酸和有机矿物聚合体等土壤表面活性颗粒快速吸附，并与之紧密结合，但不会与粉粒和沙粒结合（Tapp & Stotzky，1995；Crecchio & Stotzky，1998）。

赵清等（2006）以转 *Bt* 基因棉 GK12 和转 *Bt+CpTI* 基因棉中棉所 41 为试验材料，以其亲本材料（泗棉 3 号、中棉所 23）为对照，采用 ELISA 测定方法，研究了抗虫棉外源 Bt 杀虫蛋白在土壤中的降解动态，结果表明，土壤中 Bt 杀虫蛋白的降解动态基本一致，两类抗虫棉播种前土壤中均检测不到 Bt 杀虫蛋白，苗期开始 Bt 杀虫蛋白的含量逐渐增加，至花期均达到最高峰，铃期以后逐渐下降。棉花收获后 6 个月内，两类抗虫棉田土壤中 Bt 杀虫蛋白含量迅速降低，到翌年 4 月已检测不到（雒珺瑜等，2011）。邢珍娟等研究了转 *Cry1Ab* 杀虫蛋白基因玉米收获后玉米根茬及其根际土壤中 Cry1Ab 杀虫蛋白的降解动态（表 4-2），发现种植过 *Bt*11 和 MON810 抗虫玉米的田块，在翌年春播农作物已经出土时，其根茬和根际土壤中残留的 Cry1Ab 杀虫蛋白尚不能完全降解，还有少量残留（邢珍娟等，2010）。这些结果证实了 Bt 蛋白在土壤中的快速降解特性。

表 4-2　MON810 和 *Bt*11 根茬中 Cry1Ab 杀虫蛋白的降解动态（邢珍娟等，2010）

取样天数	杀虫蛋白含量		P	T
	MON810	*Bt*11		
0	24.84±1.04 a	2.05±0.17 a	0.000 1	21.72
15	24.76±0.26 a	1.38±0.03 b	0.000 1	88.31

（续表）

取样天数	杀虫蛋白含量		P	T
	MON810	*Bt*11		
30	23.98±1.15 ab	1.04±0.08 bc	0.000 1	19.85
60	23.80±0.18 ab	1.01±0.03 c	0.000 1	126.74
90	21.69±0.63 abc	0.81±0.04 cd	0.000 1	33.10
120	20.10±0.25 bc	0.50±0.04 de	0.000 2	80.30
150	19.99±0.72 c	0.21±0.05 ef	0.001 2	27.35
180	13.99±0.40 d	0.05±0.02 f	0.000 8	34.68
210	8.17±0.20 e	0.00±0.00 f	0.000 6	39.36
240	3.15±0.08 f	0.00±0.00 f	0.000 6	40.32

注：（1）表内数据为平均值±SE，数据后不同小写字母表示同列相同品种不同组织间存在显著差异（$df=20$）。MON810 的 $F=156.10$，$P=0.000\,1$；*Bt*11 的 $F=109.52$，$P=0.000\,1$。

（2）不同品种同一组织间差异显著性用配对法 t 测验。

（3）T 值为不同品种同一天数间差异显著性比较的结果。

目前对转基因抗虫棉根系分泌物中 Bt 杀虫蛋白的残留的研究虽然有人关注，但总体上系统研究的比较少，而转基因玉米研究的比较系统，转基因抗虫棉需要进一步系统研究。

活性杀虫蛋白进入土壤中后且能长时间存活，从一定程度上可能会影响土壤微生物。Donegan 等（1996）研究了纯化的 Bt 杀虫蛋白、3 个转 *Bt* 基因棉品系、转基因棉母本、转 *Bt* 基因棉的母本+纯化 Bt 杀虫蛋白、纯土壤（作对照）对土壤微生物群落组成、真菌和细菌数量的影响，结果表明，其中 2 个转 *Bt* 基因棉花品系的处理小区，细菌和真菌的数量显著高于其他处理，而另一个转 *Bt* 基因棉花品系及纯化的 Bt 蛋白对土壤细菌和真菌数量的影响不显著。通过微生物群落物质利用和 DNA 指纹的分析发现，与其他处理相比，转 *Bt* 棉花的细菌群落物种组成也发生了明显影响。大田栽培条件下，在棉花不同发育时期，连续 2 年测定棉花根际土壤细菌、放线菌和真菌数量的变化，并对棉花的花铃期和吐絮期对根际细菌生理群的数量和多样性进行了分析，结果表明：虽然不同年份和生育期棉花根际微生物数量存在差异，但年度间和相同发育时期棉花根际微生物的数量变化趋势一致。在棉花的苗期和吐絮期，转 *Bt* 基因棉花根际微生物数量与对照差异不显著；在棉花的花铃期，转 *Bt* 基因棉花根际细菌的数量比对照增加，放线菌的数量差异不显著，而真菌的数量变化没有规律；在棉花发育的花铃期和吐絮期，转 *Bt* 棉根际细菌生理群的总数量比常规棉增加（张美俊等，2005）。另外，还有大量研究表明，转基因抗虫棉对土壤微生物没有影响，如沈法富等对转基因抗虫棉 GK-12 和其常规亲本命泗棉 3 号的研究表明，虽然不同年份和生育期棉花根际微生物数量存在差异，但是年度间和相同的发育时期棉花根际微生物的数量变化趋势一致（沈法富等，2004）。

乌兰图雅等采用 Biolog 技术，研究了不同生育期（30 d、60 d、90 d、120 d）转双价（*Bt+CpTI*）基因抗虫棉 SGK321 及其亲本非转基因常规棉石远 321 根际土壤微生物群落多样性变化（表 4-3），结果显示。两种棉花根际土壤微生物群落丰富度指数和优势度指数随棉花生育期的不同而有所不同，4 个时期转双价基因抗虫棉均匀度指数与亲本常规棉无显著差异（乌兰图雅等，2012）。

表 4-3 土壤微生物群落多样性指数（乌兰图雅等，2012）

时间（d）	丰富度指数（H）		均匀度指数（E）		优势度指数（D）	
	转双价棉	亲本棉	转双价棉	亲本棉	转双价棉	亲本棉
30	2.31±0.13 aBC	1.44±0.19 bD	0.87±0.03 aA	0.99±0.09 aA	0.89±0.01 AB	0.67±0.07 B
60	1.98±0.22 aC	2.09±0.17 aC	1.06±0.21 aA	0.84±0.01 aA	0.80±0.06 B	0.84±0.02 A
90	2.86±0.07 bA	3.17±0.01 aA	0.96±0.01 aA	0.97±0.01 aA	0.92±0.01 A	0.95±0.00 A
120	2.49±0.08 aAB	2.66±0.06 aB	0.91±0.00 aA	0.93±0.00 aA	0.89±0.01 AB	0.91±0.01 A

注：不同的字母表示差异显著（$P<0.05$），小写字母表示品种之间差异，大写字母表示生育期之间差异。

李孝刚等（2011）通过对长期种植抗虫棉的棉田土壤微生物群落生物多样性进行监测，发现不同种植年限的转 *Bt* 基因抗虫棉田的土壤细菌、真菌、固氮菌、反硝化细菌、亚硝化细菌数量和微生物多样性指数相比于对照均无显著差异，微生物群落变化主要与采样时间有关，抗虫棉棉田和对照棉田土壤各类微生物数量和多样性指数都呈明显季节变化。

Jepson 等（1994）提出，需要研究转 *Bt* 基因植物的表达产物对地上和地下生物区系的影响，尤其是对土壤微生物群落的影响，需要作长期的田间试验监测；Morra（1994）认为，目前人们对转基因植物产物（包括基础代谢产物和次生代谢产物）对土壤微生物的影响认识和研究甚少，需要建立不同的研究方法进行探讨。

六、转基因棉的基因漂移

基因漂移（geneflow）是指遗传物质从某一个生物群体（或居群）进入另一个生物群体（或居群）的过程，是自然界普遍存在的生物过程，也是生物进化的基本驱动力之一。转基因植物的基因漂移主要指外源基因通过花粉在转基因植物同一品种的不同个体之间、该植物种类的不同品种之间以及在该植物与野生近缘种之间的移动。开展转基因植物基因漂移研究和评价的主要目的是明确其基因漂移的规律，防止和控制外源基因在生态系统中扩散到其他非转基因植物之中，尤其是具有重要价值的野生玉米、大豆、水稻等野生生物资源中。转基因植物基因通过花粉向近缘非转基因植物转移，使得近缘物种有获得选择优势的潜在可能性，国外有人因此担心这些含有抗虫基因的近缘植物会不会成为“超级抗虫杂草”。目前还没有转抗虫基因植物花粉漂流到近缘物种导致此类所谓“超级抗虫杂草”的证据，也没有导致近缘植物习性发生改变的报道。另一个担心是外基因漂流进入野生植物基因库，从而可能影响基因库的遗传结构，给遗传多样性造成危害。Brown（1994）提出了可降低外源基因从转基因棉花向周围野生棉中漂流的6种因素：①限制野生棉与栽培种的接触。②远缘杂交杂种育性困难。③育性恢复需要进行染色体加倍。④杂种与野生种回交的限制。⑤杂合体的纯合程度。⑥自交育性和与野生种的远交率。

棉花的花粉较大、黏着、风不易吹散，且棉花柱头只有棉花开花时，才能接受花粉，棉花是以自花授粉为主的作物，棉花自然异交率率主要受传粉昆虫的影响。棉花的近缘杂草植物极少，另外由于杂交不亲和性、花期不遇或地理隔离等原因，*Bt* 基因自转基因抗虫棉向近缘植物发生基因漂流的可能性基本上不存在。而关于 *Bt* 外源基因向非转基因棉田的扩散，研究显示在花粉源为1 m的范围内，大部分棉田异交率低于10%。因此通过种植边行、设置隔离带或自然屏障等措施，可以有效防止 *Bt* 外源基因向非转基因棉田扩散。在隔离距离上，研究者的结论不尽一致，多数认为一般在30~100 m，如王长永等研究表明转 *Bt* 基因棉花基因流的最远距离和该处的最高基因流频率分别为25 m和2.00%（王长永等，2007），沈法富等研究结果为72 m和0.19%（沈法富等，2001）。而不同研究者得出的转基因棉花基因流最远距离不一致的原因，主要是由于实验地点的自然条件如风力、传粉昆虫种类和数量以及转基因棉花的种植面积和品种等因素不同，而这些因素都不同程度地影响转基因棉花的基因流。另外，张宝红等（1999）选用了国外引进的和我国自己培育的转 *Bt* 基因抗虫棉和转 *tfd A* 基因抗除草剂棉花，研究了外源 *Bt* 基因和 *tfd A* 基因向周围环境遗传漂流的频率和距离。研究结果表明，无论是我国自行培育的转基因棉花，还是从国外引进的转基因棉花；无论是转 *Bt* 基因棉花，还是转 *tfd A* 基因棉花，导入棉株体内的外源基因均可向周围环境漂流，其漂流频率为10.48%，最远漂流距离可达 50 m。防止外源基因向周围环境扩散的最有效方法是设置一定的隔离带，隔离带的距离以 50~100 m 为好。沈法富等（2001）报道，在离转基因棉花不同距离选取样点，采集非转基因棉花种子，利用标记基因、Dot-ELISA 和 PCR 扩增检测 *Bt* 基因漂流，结果表明在 0~6 m 内陆地棉品种间显示较高频率的基因流，随着距离的增加 *Bt* 基因流降低，最大可达 36 m；海岛棉品种间 *Bt* 基因流较陆地棉品种间低，但 *Bt* 基因流随着距离的增加下降幅度小，最远达 72 m。David 等（2001）在著名的《自然》（*Nature*）杂志上发表文章，报道了转基因玉米对墨西哥玉米起源中心的基因污染问题。位于墨西哥偏远南部山区的奥斯科萨卡从未种植过转基因玉米植物，离它最近的转基因玉米生产地也在 100 m 之外。但是，美国加州大学伯克利分校的研究人员从奥斯科萨卡采集的 6 份当地玉米样本中，4 份带有常用于转抗虫基因植物的相关基因。

第四节　抗性治理策略

随着转 *Bt* 作物在环境中的不断释放，害虫与 *Bt* 作物间逐渐适应，原来对 Bt 敏感的害虫会逐渐产生抗性，从而对转 *Bt* 作物的杀虫蛋白产生抗性。因此，建立合理有效的害虫抗性治理策略，对转 *Bt* 作物的可持续利用至关重要。

抗性治理策略应遵循综合害虫管理的基本原理，即将害虫种群密度控制在能导致经济损失的阈值以下，同时尽量减小由施用杀虫剂而造成的社会、经济和环境的负面影响。抗性治理来源 4 个基本对策：不要使害虫仅受一种致死机制的选择，使致死原因多样化；降低每种主要致死机制的选择压力；通过避难所或迁入来提供敏感性个体；通过应用有效的抗性检（监）测体系来估计和预测抗性过程。目前，被广泛接受的是庇护所策略、基因工程技术、昆虫不育技术、抗性监控及危险评估系统等抗性治理策略。

一、庇护所策略

庇护所策略包括高剂量庇护所策略、中剂量庇护所策略、中低剂量天敌策略。其中高剂量/庇护所策略是目前广为接受和应用的最有效的田间抗性治理策略。该策略是指在保证转 *Bt* 作物可以高效表达 Bt 蛋白的同时，作物田内仍需含有适量的非 *Bt* 作物，使敏感个体得以存活，这些保留下来的敏感个体可以与 *Bt* 作物上的抗性个体进行杂交，其后代杂合子个体取食 *Bt* 作物仍会被杀死，从而缓解害虫抗性的发展，是管理害虫对转 *Bt* 作物抗性的主要策略。但该策略的实施要求一定的条件：①田间的抗性基因为单基因控制的隐性基因或不完全隐性，抗性杂合子昆虫能被 Bt 蛋白杀死。②在种植作物之前田间种群的抗性基因频率足够低（低于 10^{-3}）。③作物上的抗性个体和庇护所上的敏感个体没有性选择现象。④作物表达的杀虫蛋白的剂量足够高，可杀死除抗性纯合子以外的绝大部分个体。在这种理想条件下，害虫抗性将被延缓（刘凤沂，2008）。

二、基因叠加策略

基因叠加策略又称为“金字塔”策略，是基于一个昆虫种群对两种或以上的杀虫蛋白同时产生抗性的概率较小的原理，通过把两种或以上具有不同作用机制的 Bt 杀虫蛋白基因整合到同一植株内，使转基因植株表达两种或多种杀虫蛋白以达到控制靶标害虫的目的（Carrière，*et al*，2015）。*Bt* 作物同时表达两种甚至多种 Bt 杀虫蛋白，那么害虫需要产生多种抗性位点才能对该 *Bt* 作物产生抗性，其概率远低于单价的 *Bt* 作物，因而可以延缓抗性的发展。由于单价转 *Bt* 作物具有较窄的靶标范围和较快的抗性演化水平，而相对于单价转 *Bt* 作物，表达两种或多种 Bt 杀虫蛋白的转基因作物，其靶标范围扩大并且提高了作物对一些害虫的控制作用，从而减少害虫对作物的损害（Sivasupramaniam，*et al*，2008；Siebert，*et al*，2012；Carrière，*et al*，2015；Jakka，*et al*，2016）。不仅如此，当延缓抗性一致时，基因叠加的 *Bt* 作物需要的庇护所相对于单一毒素的 *Bt* 作物更少（Onstad，Meinke，2010；Alyokhin，2011；Carrière，*et al*，2015）；而且当庇护所面积一定时，基因叠加的 *Bt* 作物延缓害虫抗性发展的时间比单价 *Bt* 作物更长（Onstad，Meinke，2010；Carrière，*et al*，2015）。1999 年第一种可同时表达 Cry1Ac 和 Cry2Ab 杀虫蛋白的转基因棉花 BollgardII®在美国进行田间试验，室内筛选及田间监测结果表明，双价棉对鳞翅目害虫具有很好的防治效果（Chitkowski，*et al*，2003；张浩男，2012）。

三、其他策略

在抗性治理策略中，还有基因修饰策略、联合其他蛋白提高 Bt 蛋白活性以及昆虫不育技术治理策略等。

基因修饰策略是利用定点突变、不同 Cry 杀虫蛋白杂交、引入特异性蛋白剪切位点或者去除杀虫蛋白的部分区域等分子生物学方法，可提高 Cry 杀虫蛋白的活性，增加其杀虫谱，甚至绕过杀虫蛋白的某些特定步骤从而克服一些产生抗性的害虫（Pardo-Lopez，*et al*，2009；王玲，2017）。

联合其他蛋白提高 Bt 蛋白活性是利用现代基因工程的手段将几种杀虫基因导入同一作物中的多基因策略，不仅提高杀虫活性，还扩大杀虫谱。在转基因抗虫作物研究中，除了开发新的 δ-内毒素蛋白基因外，还可利用其他的抗虫基因，如蛋白酶抑制剂基因，包括豇豆胰蛋白酶抑制剂基因（*CpTI*）、大豆 Kunitz 型胰蛋白酶抑制剂基因（*SKTI*）、慈姑蛋白酶抑制剂基因（*API*）、马铃薯蛋白酶抑制剂基因（*PinII*）和淀粉酶抑制剂基因、外源凝集素基因（*p-lec*）等（周兆斓等，1994）。可以将它们与具有不同结合位点的两种以上的基因同时转入同一种作物中，提高杀虫效果（刘凤沂，2008）。

多基因植物具有以下优势：因为对一种杀虫蛋白产生抗性的害虫可能对另一种杀虫蛋白敏感，可能有更好的防治效果；可以减少庇护所的种植比例。双价抗虫棉通过两个抗虫基因的抗性互补和协同增效，使得棉花不同部位的抗虫效果趋于均匀一致，从而大大延缓或制止棉铃虫抗性的产生。但由于害虫对不同的杀虫晶体蛋白具有交互抗性（Caprio，*et al*，2000），因此应用该策略时必须防止害虫对不同杀虫蛋白的交互抗性（Tabashnik，*et al*，1994；刘凤沂，2008）。

昆虫不育技术（Sterile insect technique，SIT）是在通过其他防治措施压低田间害虫种群密度之后，向田间大量释放不育虫，通过不育虫与田间同性昆虫竞争交配，导致田间雌虫不能产生后代或者产生的后代不育，从而达到治理害虫的目的。该方法具有以下优点：不污染环境，对人和其他靶标生物无害，防效持久，理论上可以彻底根除一个地方的害虫种群，达到一劳永逸的防治效果。但是，其自身也有的不足之处，如费用昂贵，并且防治项目的执行需要多方密切配合才能发挥其最大优势等（王金涛，2014）。

害虫对Bt杀虫蛋白的抗性进化受许多因素的影响，包括抗性等位基因初始频率、抗性遗传规律、害虫抗性治理措施和适合度代价等。抗性监测是测定抗性频率或强度在时间和空间上的变化一即抗性的发生、发展情况，以及评价已实施的抗性治理策略是否有效。抗性危险性评价是对应用环境中使用农药引起抗性的可能性进行预测。因此，对*Bt*作物的杀虫效果及田间种群的抗性变化进行密切监测，科学评估和监测抗性，可以正确评估*Bt*作物的杀虫效果及对靶标害虫的抗性水平，以便及时预测害虫抗性的产生及发展，制定行之有效的抗性治理策略。由于*Bt*作物主要控制为害较严重的主要害虫，对田间大部分其他种类害虫的控制效果不明显或具有抗性。因此，应当以*Bt*作物为主，结合其他防治措施，综合治理，从而更好地发挥*Bt*作物的杀虫效能，有效控制害虫，保持自然生态平衡的同时，延缓害虫对*Bt*作物抗性的发展。

参考文献

白耀宇，蒋明星，程家安，等．2003. 转*Bt*基因作物Bt毒蛋白在土壤中的安全性研究［J］. 应用生态学报（11）：2 062-2 066.

陈庆园．2005. 棉铃虫对*Bt*棉的抗性个体检测标准与单雌系F_1代检测方法的研究［D］. 南京农业大学．

陈松，黄骏麒，周宝良，等．1996. 转基因抗虫棉棉籽营养品质分析［J］. 江苏农业科学（6）：25-26.

崔金杰，雒珺瑜，李树红，等．2005. 转基因抗虫棉对土壤微生物影响的初步研究［J］. 河北农业大学学报，28（6）：73-75.

崔金杰，雒珺瑜，王春义，等．2004. 转双价基因棉田主要害虫及其天敌的种群动态［J］. 棉花学报（2）：94-101.

崔金杰，夏敬源，晁建立．1999. 不同种植方式下转*Bt*基因棉对昆虫群落的影响［J］. 中国棉花（5）：8-9.

崔金杰，夏敬源，马丽华，等．2002. 转双价基因抗虫棉对棉铃虫的抗虫性及时空动态［J］. 棉花学报（6）：323-329.

崔金杰，夏敬源．1998. 麦套夏播转*Bt*基因棉田主要害虫及其天敌的发生规律［J］. 棉花学报（5）：32-39.

崔金杰，夏敬源．2000. 转*Bt*基因棉田昆虫群落多样性及其影响因素研究［J］. 生态学报（5）：824-829.

邓曙东，徐静，张青文，等．2003. 湖北棉区转*Bt*基因棉对棉铃虫的控制作用［J］. 昆虫学报（5）：584-590.

邓曙东，徐静，张青文，等 . 2003. 转 *Bt* 基因棉对非靶标害虫及害虫天敌种群动态的影响［J］. 昆虫学报（1）：1-5.

董亮，万方浩，张桂芬，等 . 2003. 转 *Bt* 基因抗虫棉对中华草蛉发育及繁殖的影响研究［J］. 中国生态农业学报（3）：22-24.

段小莉 . 2014 我国亚洲玉米螟对 *Cry1Ie* 和 *Cry1Ah* 敏感基线和 *Cry1Ah* 诊断剂量的初步研究及其越冬幼虫主要天敌的调查［D］. 雅安：四川农业大学 .

封云涛，王振，张润祥，等 . 2015. 联苯菊酯和啶虫脒对苹果黄蚜的区分剂量研究［J］. 应用昆虫学报，52（5）：1 149-1 153.

高峰，刘向辉，欧阳芳 . 2013. 转 *Bt* 基因抗虫棉对中华草蛉生物学特性的影响（英文）［J］. 应用昆虫学报，50（4）：897-902.

耿金虎，沈佐锐，李正西，等 . 2005. 常规棉花粉和转 *Cry1Ac+CpTI* 棉花粉对拟澳洲赤眼蜂繁殖和存活的影响［J］. 生态学报（7）：1 575-1 582.

关正君，鲁顺保，霍艳林，等 . 2018. 转 *Bt* 基因抗虫作物对非靶标害虫的影响［J］. 生物多样性，26（6）：636-644.

郭慧芳 . 2003. 棉蚜在不同转基因棉上取食行为的研究［A］. 中国腐殖酸工业协会 . 第二届全国绿色环保农药新技术、新产品交流会论文集［C］. 中国腐殖酸工业协会：中国腐植酸工业协会：6.

郭建英，万方浩，董亮，等 . 2005. 取食转 *Bt* 基因棉花上的棉蚜对丽草蛉发育和繁殖的影响［J］. 昆虫知识（2）：149-154.

何丹军，沈晋良，周威君，等 . 2001. 应用单雌系 F_2 代法检测棉铃虫对转 *Bt* 基因棉抗性等位基因的频率［J］. 棉花学报（2）：105-108.

胡阳，傅强 . 2009. 应用高剂量/庇护所策略管理 *Bt* 作物抗性的三个基本假设：综述与展望［J］. 昆虫学报，52（06）：691-698.

贾士荣，郭三堆，安道昌，等 . 2001. 转基因棉花［M］. 北京科学出版社 .

李博，龙正，陈金湘 . 2011. 转历基因抗虫棉靶标害虫与非靶标害虫消长动态研究进展［J］. 作物研究，25（6）：634-638.

李桂亭，江俊起，邹运鼎，等 . 2006. 两种除草剂影响下棉田节肢动物群落相似性分析［J］. 安徽农业大学学报（2）：204-208.

李国平 . 2003. *Bt* 棉花种植区棉铃虫种群对 *Cry1Ac* 蛋白抗性频率分析［D］. 石家庄：河北农业大学 .

李海强，王冬梅，李号宾，等 . 2018. 转基因棉花对棉蚜个体生长发育和繁殖能力的影响［J］. 新疆农业科学，55（8）：1 467-1 472.

李孝刚，刘标，徐文华，等 . 2011. 转 *Bt* 基因抗虫棉对土壤微生物群落生物多样性的影响［J］. 生态与农村环境学报，27（1）：17-22.

梁革梅，王桂荣，徐广，等 . 2003. 昆虫 Bt 毒素受体蛋白的研究进展［J］. 昆虫学报（3）：390-396.

刘标 . 2016. 抗虫转 *Bt* 基因植物的环境安全研究进展［J］. 南京师大学报（自然科学版），39（3）：1-9.

刘杰，陈建，李明 . 2006. 转 *Bt* 棉花对蜘蛛生长发育及捕食行为的影响［J］. 生态学报（3）：945-949.

刘晨曦，李云河，高玉林，等 . 2010. 棉铃虫对转 *Bt* 基因抗虫棉花的抗性机制及治理［J］. 中国科学：生命科学，40（10）：920-928.

刘凤沂 . 2008. F_1 代法监测田间棉铃虫对转 *Bt* 基因棉的抗性［D］. 南京：南京农业大学.

陆萍 . 2003. 棉铃虫对转 *Bt* 基因棉的抗性等位基因频率及其监测方法研究［D］. 南京：南京农业大学 .

吕丽敏，雒珺瑜，刘全义，等 . 2013. 冀鲁豫棉区 *Bt* 棉 *Cry1A* 蛋白表达及对棉铃虫控制效果监测［J］. 棉花学报，25（5）：459-466.

雒珺瑜，崔金杰，张帅，等 . 2011. 抗虫棉外源 *Cry1A* 融合杀虫蛋白在土壤中的降解动态［J］. 棉花学报，23（4）：364-368.

雒珺瑜，崔金杰，张帅，等 . 2012. 转 *Cry1Ac+Cry2Ab* 基因棉对棉蚜生命表参数及种群动态的影响［J］. 应用昆虫学报，49（4）：906-910.

明坤，杨兆光，乔艳艳，等 . 2016. 转基因抗虫棉对棉红铃虫发生与为害的影响［J］. 棉花科学，38（6）：34-38.

潘利东，施明，张凯，等 . 2013. F_1 代法检测棉铃虫种群对 *Bt* 棉的抗性等位基因频率变化［J］. 棉花学报，25（3）：240-246.

钱迎倩、马克平 . 1998. 经遗传修饰生物体的研究进展及其释放后对环境的影响 . 生态学报，18（1）：1-9.

沈法富，韩秀兰，范术丽 . 2004. 转 *Bt* 基因抗虫棉根际微生物区系和细菌生理群多样性的变化［J］. 生态学报，（3）：432-437.

沈晋良，周威君，吴益东，等 . 1998. 棉铃虫对 *Bt* 生物农药早期抗性及与转 *Bt* 基因棉抗虫性的关系［J］. 昆虫学报（1）：9-15.

束春娥，柏立新，张龙娃，等 . 2002. 转基因抗虫棉 *GK22* 对棉田天敌种群消长的影响［J］. 江苏农业科学（6）：41-43，51.

孙长贵，徐静，张青文，等 . 2002. 新疆棉区转 *Bt* 基因棉对棉田主要害虫及其天敌种群数量的影响［J］. 中国生物防治（3）：106-110.

孙长贵 . 2003. *Bt* 和转 *Bt* 基因棉对棉铃虫齿唇姬蜂的影响以及转基因棉对棉田主要害虫及天敌的影响［D］. 北京：中国农业大学 .

万鹏 . 2004. 长江中游棉区转 *Cry1A* 基因棉花杀虫蛋白表达及对靶标和非靶标害虫的影响［D］. 北京：中国农业科学院.

万方浩，刘万学，郭建英 . 2002. 不同类型棉田棉铃虫天敌功能团的组成及时空动态［J］. 生态学报（6）：935-942.

王玲 . 2017. 长江流域棉红铃虫钙黏蛋白抗性等位基因的鉴定及分析 [D]. 北京：中国农业科学院.

王冬梅，李海强，丁瑞丰，等 . 2012. 新疆地区棉铃虫自然种群对 *Bt* 棉的抗性频率监测 [J]. 植物保护学报，39（6）：518-522.

王凤延 . 2003. 转 BT 基因抗虫棉田昆虫群落结构特征分析及综合防治研究 [D]. 泰安：山东农业大学 .

王海燕，苏建辉，王子华，等 . 2011. 北疆抗虫棉 Bt 毒蛋白在棉蚜食物链中的动态研究 [J]. 石河子大学学报（自科版），29（4）：420-424.

王建武，冯远娇，骆世明 . 2002. 转基因作物对土壤微生态系统的影响 . 应用生态学报，13（4）：491-494.

王金涛 . 2014. 长江流域棉区红铃虫抗性基因频率检测 [D]. 武汉：华中农业大学.

王留明，张学坤，刘任重，等 . 2011. 转 *Bt* 基因棉在山东棉区的抗虫特性及棉田害虫发生与防治 [J]. 中国棉花（4）：5-8.

王武刚，吴孔明，梁革梅，等 . 1999. *Bt* 棉对主要棉虫发生的影响及防治对策 [J]. 植物保护，25（1）：3-5.

王忠华，叶庆富，舒庆尧，等 . 2002. 转基因植物根系分泌物对土壤微生态的影响 . 应用生态学报，13（3）：373-375.

王忠华，叶庆富，舒庆尧，等 . 2002. 转基因植物中外源基因及其表达产物转移的途径. 生态学报，22（9）：1 521-1 526.

魏伟，钱迎倩，马克平 . 1997. 转基因植物的生态风险评价 [J]. 生物多样性，7（4）：1-6.

乌兰图雅，赵建宁，李刚，等 . 2012. 转双价基因抗虫棉对土壤微生物群落多样性的影响 [J]. 生态学杂志，31（10）：2 486-2 492.

吴孔明 . 2006. 华北棉区害虫地位演化动态及防控技术 . 山东省棉花学会第五届代表大会、山东省优质棉基地建设管理协会第三届代表大会 [C]. 中国山东济南 .

吴孔明 . 2017. *Bt* 棉花 20 年：害虫防治的理论与实践 . 绿色生态可持续发展与植物保护-中国植物保护学会第十二次全国会员代表大会暨学术年会 [C]. 中国湖南长沙 .

吴坤君，李明辉 . 1993. 棉铃虫营养生态学研究：取食不同蛋白质含量饲料时的种群生命表 [J]. 昆虫学报（1）：21-28.

武二忠，施敏娟，苏宏华，等 . 2012. 转基因抗虫棉对棉大卷叶螟及其天敌卷叶螟绒茧蜂的影响 [J]. 中国生物防治学报，28（2）：205-211.

Velders R M，崔金杰，夏敬源，等 . 2002. 中国北方棉区转基因抗虫棉对棉苗蚜及其两种天敌的影响（英文）[J]. 棉花学报（3）：175-179.

夏敬源，王春义，马艳，等 . 1998. 不同类型棉田节肢动物群落结构研究 [J]. 棉花学报（1）：27-33.

邢珍娟，王振营，何康来，等 . 2010. 转 *Bt* 基因抗虫玉米根茬和根际土壤中 *Cry1Ab* 杀虫蛋白的田间降解动态［*J*］. 中国农业科学，43（23）：4 970-4 976.

闫亮珍，赵彩云，柳晓燕，等. 2011. 转 *Bt* 基因作物对植物-害虫-天敌食物链的影响［J］. 植物保护，37（6）：27-31，37.

杨益众，陆宴辉，薛文杰，等. 2006. 转基因棉田棉蚜种群动态及相关影响因子分析［J］. 昆虫学报（1）：80-85.

于婉婷. 2014. 棉铃虫田间种群氰戊菊酯抗性的机理及新药剂抗性风险评估［D］. 南京：南京农业大学.

张洋. 2010. 棉铃虫对转基因抗虫棉的抗性筛选、监测及抗性机理研究［D］. 北京：中国农业科学院.

张蕾. 2016. 棉铃虫田间种群 *Cry1Ac* 抗性等位基因频率检测及 *LF*8 品系 *Cry1Ac* 抗性的遗传定位［D］. 南京：南京农业大学.

张浩男. 2012. 棉铃虫 *Bt* 抗性基因遗传多样性及钙黏蛋白胞质区突变基因的功能表达［D］. 南京：南京农业大学.

张美俊，杨武德. 2005. 转 *Bt* 基因作物杀虫蛋白对根际土壤生态系统影响研究进展. 山西农业大学学报，25（3）：302-305.

张永军，吴孔明，彭于发，等. 2002. 转抗虫基因植物生态安全性研究进展［J］. 昆虫知识（5）：321-327.

赵清，崔金杰，李树红，等. 2006. 转 *Bt* 基因作物杀虫蛋白土壤残留及检测研究进展［J］. 生物技术通报（S1）：70-74.

周秋菊. 2003. 转 *Bt* 基因棉花对主要害虫和天敌的影响及其机理初探［D］. 海口：华南热带农业大学.

左广胜，郭玉杰，王念英，等. 1994. 苏云金素对棉铃虫幼虫生长发育和取食行为的影响研究［J］. 棉花学报（2）：126-128，134.

AI-Deeb M，Wild G E，Higgins R A. 2001. No effect of *Bacillus thuringiensis* corn and *Bacillus thuringiensis*（Berliner）on the predator *Orius insidiosus*（Hemiptera：Anthocoridae）［J］. Environmental Entomology，30（3）：625-629.

Alyokhin A. 2011. Scant evidence supports EPA's pyramided *Bt* corn refuge size of 5%［J］. Nature Biotechnology，29（7）：577.

An Jingjie，Gao Yulin，Lei Chaoliang，*et al.* 2015. Monitoring cotton bollworm resistance to Cry1Ac in two counties of northern China during 2009 - 2013［J］. Pest Management Science，71（3）：377-382.

Armer A C，Berry R E，Kogan M. 2000. Longevity of phytophagous heteropteran predators feeding on transgenic *Btt*-potato plants［J］. Entomologia Experimentalis et Applicata，95：329-333.

Bell H A，Fitches E C，Down R E，*et al.* 2001. Effect of dietary cowpea trypsin inhibitor（CpTI）on the growth and development of the tomato *Lacanobia olerace*（Lepidoptera：Notuidae) and on the success of the gregarious ectoparasitoid *Eulophus pennicornis* (Hymenoptera: Eplophidae) [J]. Pest Management Science, 57 (1) : 57-65.

Birch A N E, Geoghegan I E, Majerus M E N, *et al*. 1999. Tri-trophic interactions involving pest aphids, predatory 2-spot ladybirds and transgenic potatoes expressing snowdrop lectin for aphid resistance [J]. Molecular Breeding, 5 (1): 75-83.

Caprio M A, Suckling D M. 2000. Simulating the impact of cross resistance between *Bt* toxins in transformed clover and apples in New Zealand [J]. Journal of Economic Entomology, 93 (2): 173-179.

Carrière Y, Crickmore N, Tabashnik B E. 2015. Optimizing pyramided transgenic *Bt* crops for sustainable pest management [J]. Nature Biotechnology, 33 (2): 161-168.

Chitkowski R L, Turnipseed S G, Sullivan M J, *et al*. 2003. Field and laboratory evaluations of transgenic cottons expressing one or two*Bacillus thuringiensis* var. kurstaki Berliner proteins for management of noctuid (Lepidoptera) pests [J]. Journal of Economic Entomology, 96 (3): 755-762.

Crecchio C, Stotzky G. 1998. Insecticidal activity andbiodegradation of the toxin from *Bacillus thuringiensis* subsp. Kurstaki bound to humic acides from soil [J]. Soil Biology and Biochemistry, 30: 463-470.

Dhurua S, Gujar G T. 2011. Field - evolved resistance to *Bt* toxin Cry1Ac in the pink bollworm, *Pectinophora gossypiella* (Saunders) (Lepidoptera: Gelechiidae), from India [J]. Pest Management Science, 67 (8): 6.

Dnegan KK, Seidler RJ, Fieland VJ, *et al*. 1997. Decomposition of genetically engineered tobacco under field conditions: Persistence of the proteinase inhibitor I product and effects on soil microbial respiration and protozoa, nematode and microarthropod populations [J]. Journal of Applied Ecology, 34 (4): 767-777.

Dogan E B, Berry R E, Reed G L, *et al*. 1996. Biological parameters of convergent lady beetle (Coleoptera: Coccinellidae) feeding on aphids (Homoptera; Aphulae) on transgenic potato [J]. Journal of Applied Ecology. 89 (5): 1 105-1 108.

Fred Gould. 2000. Testing *Bt* refuge strategies in the field [J]. Nature Biotecnology, 18 (3): 266-267.

Futuyma D J. 1998. Evolutionary biology. Sunderland: Sinauer. Third edition.

Godfray H C J. 1994. Parasitoids, Behavioral and Evolutionary Ecology [J]. Environmental Entomology, volume 24 (2): 483-484 (2).

Groffman P M, Bohlen P J . 1999. Soil and sediment biodiversity: cross-system comparisons and large-scale effects [J]. Bioscience, 49 (2): 139-148.

Groffman P M, Holland E A, Myrold D D, *et al*. 1999. Standard soil methods for long-term ecological research. [M] Denitrification: 272-288.

HILBECK, BAUMGARTNER, FRIED, *et al*. 1998. Effects of transgenic *Bacillus thuringiensis* corn – fed prey on mortality and development time of immature *Chrysoperla carnea* (Neuroptera: Chrysopidae) [J]. Environmental Entomology, 27 (2): 480–487.

Huang Yunxin, Wan Peng, Zhang Huannan, *et al*. 2013. Diminishing returns from increased percent *Bt* cotton: The case of pink bollworm [J]. Plos one, 8 (7): e68573.

Jakka S R K, Shrestha R B, Gassmann A J. 2016. Broad – spectrum resistance to *Bacillus thuringiensis* toxins by western corn rootworm (*Diabrotica virgifera virgifera*) [J]. Scientific Reports, 6: 27860.

Jervis M, Kidd N. Insect natural enemies. 1996. Practical approaches to their study and evaluation. [J]. Journal of Applied Ecology, 34 (2): 542.

Jin Lin, Wang Jing, Guan Fang, *et al*. 2018. Dominant point mutation in a tetraspanin gene associated with field – evolved resistance of cotton bollworm to transgenic *Bt* cotton [J]. Proceedings of the National Academy of Sciences, 115 (46): 11 760–11 765.

Jin Lin, Zhang Haonan, Lu Yanhui, *et al*. 2014. Large – scale test of the natural refuge strategy for delaying insect resistance to transgenic *Bt* crops [J]. Nature Biotechnology, 33: 169.

Johnson, M. T. 1997. Interaction of Resistant Plants and Wasp Parasitoids of Tobacco Budworm (Lepidoptera: Noctuidae) [J]. Environmental Entomology, 26 (2): 207–214.

Kennedy A C, Smith K L. 1995. Soil microbial diversity and the sustainability of agricultural soils [J]. Plant & Soil, 170 (1): 75–86.

Koskella J, Stotzky G. 1997. Microbial utilization of rree and clay – bound insecticidal toxins from *Bacillus thuringiensis* and their retention of insecticidal activity after incubation with microbes. [J]. Applied & Environmental Microbiology, 63 (9): 3561.

Li Guo – Ping, Wu Kong – Ming, Gould Fred, *et al*. 2007. Increasing tolerance to *Cry1Ac* cotton from cotton bollworm, *Helicoverpa armigera*, was confirmed in *Bt* cotton farming area of China [J]. Ecological Entomology, 32 (4): 366–375.

Li Yunhe, Romeis Jörg, Wang Ping, *et al*. 2011. A comprehensive assessment of the effects of *Bt* cotton on*Coleomegilla maculata* demonstrates no detrimental effects by *Cry1Ac* and *Cry2Ab* [J]. PLOS ONE, 6 (7): e22185.

Liu Fengyi, Xu Zhiping, Zhu Yu Cheng, *et al*. 2009. Evidence of field–evolved resistance to *Cry1Ac*–expressing *Bt* cotton in *Helicoverpa armigera* (Lepidoptera: Noctuidae) in northern China [J]. Pest Management Science, 66 (2): 155–161.

Liu Xiao–Xia, Sun Chang–Gui, Zhang Qing–Wen. 2010. Effects of transgenic Cry1A+CpTI cotton and Cry1Ac toxin on the parasitoid, *Campoketis chlorideae* (Hymenoptera: Ichneumonidae) [J]. Insect Science, 12 (2): 101–107.

Liu Xiao-Xia, Zhang Qing-Wen, Zhao Jian-Zhou, *et al*. 2005. Effects of *Bt* transgenic cotton lines on the cotton bollworm parasitoid *Microplitis mediator* in the laboratory [J]. Biological Control, 35 (2): 134-141.

Liu Xiaoxia, Chen Mao, Onstad David, *et al*. 2011. Effect of *Bt* broccoli and resistant genotype of *Plutella xylostella* (Lepidoptera: Plutellidae) on development and host acceptance of the parasitoid *Diadegma insulare* (Hymenoptera: Ichneumonidae) [J]. Transgenic Research, 20 (4): 887-897.

Lozzia G C, Furlanis C, Manachini B, *et al*. 1998. Effects of *Bt* corn on *Rhopalosiphum padi* (Homoptera: Aphidae) and on its predator *Chrysoperla carnea* Stephen (Neuroptera: Chrysopidae) [J]. Bollettino di Zoologia Agrariae di Bachicoltura Seri. Ⅱ, 31: 153-164.

Lu Y H, Wu K M, Jiang Y Y, *et al*. 2010. Mirid bug outbreaks in multiple crops correlated with wide scale adoption of *Bt* cotton in china [J]. Science, 328: 1 151-1 154

Lu Y H, Wu K M, Jiang Y Y, *et al*. 2012. Widespread adoption of *Bt* cotton and insecticide decrease promotes biocontrol services [J]. Nature, 487: 362-365

Lu Yanhui and Wu Kongming. 2011. Mirid bugs in China: Pest status and management strategies [J]. Outlooks on Pest Management, 22 (6): 248-251.

Lu Yanhui, Wu Kongming, Jiang Yuying, *et al*. 2010. Mirid bug outbreaks in multiple crops correlated with wide-scale adoption of *Bt* cotton in China [J]. Science, 328 (5982): 1 151-1 154.

Lu Yanhui, Wu Kongming, Jiang Yuying, *et al*. 2012. Widespread adoption of *Bt* cotton and insecticide decrease promotes biocontrol services [J]. Nature, 487: 362.

Marvier M, McCreedy C, Regetz J, *et al*. 2007. Ameta-analysis of effects of *Bt* cotton and maize on nontarget invertebrates [J]. Science, 316 (5830): 1 475-1 477.

Men Xingyuan, Ge Feng, Edwards Clive A., *et al*. 2004. Influence of pesticide applications on pest and predatory arthropods associated with transgenic *Bt* cotton and nontransgenic cotton plants [J]. Phytoparasitica, 32 (3): 246-254.

Morra M J. 1994. Assessing the impact of transgenic plant products on soil organisms [J]. Molecular Ecology, 3 (1): 53-55.

Onstad D W, Meinke L J. 2010. Modeling evolution of *Diabrotica virgifera virgifera* (Coleoptera: Chrysomelidae) to transgenic corn with two insecticidal traits [J]. Journal of Economic Entomology, 103 (3): 849.

Palm C J, Schaller D L, Donegan K K, *et al*. 1996. Persistence in soil of transgenic plant produced *Bacillus thuringiensis* var. kurstaki delta-endotoxin [J]. Canadian Journal of Microbiology, 42 (42): 1 258-1 262.

Pardo-López L., Muñoz-Garay C., Porta H., *et al*. 2009. Strategies to improve the insecticidal activity of Cry toxins from *Bacillus thruingiensis* [J]. Peptides, 30 (3): 589-595.

Riddick E W, Barbosa P. 2000. Cry3A-intoxicated *Leptinotarsa decemlineata* (Say) are palatable prey for *Lebia grandis* Hentz. [J]. Journal of Entomological Science, 35 (3): 342-346.

Saxena D, Flores S, Stotzky G. 1999. Insecticidal toxin in root exudates from *Bt* corn. [J]. Nature, 402 (6761): 480.

Siebert M W, Nolting S P, Hendrix W, *et al.* 2012. Evaluation of corn hybrids expressing *Cry1F*, *Cry1A.105*, *Cry2Ab2*, *Cry34Ab1/Cry35Ab1*, and *Cry3Bb1* against southern United States insect pests [J]. Journal of Economic Entomology, 105 (5): 1 825-1 834.

Sivasupramaniam S, Moar W J, Ruschke L G, *et al.* 2008. Toxicity and characterization of cotton expressing*Bacillus thuringiensis Cry1Ac* and *Cry2Ab2* proteins for control of Lepidopteran pests [J]. Journal of Economic Entomology, 101 (2): 546-554.

Steven R S, and Larry R H. 1996. Insect bioassay for determining soil degradation of *Bacillus thuringiensis* subsp kurstaki cryia (b) protein in corn tissue [J]. Environmental Entomology, 25 (3): 659-664.

Steven R. Sims, Joel E. Ream. 1997. Soil inactivation of the *Bacillus thuringiensis* subsp. kurstaki *CryIIA* insecticidal protein within transgenic cotton tissue: laboratory microcosm and field studies [J]. Journal of Agricultural & Food Chemistry, 45 (4): 1 502-1 505.

Tabashnik B E, Finson N, Johnson M W, *et al.* 1994. Cross - resistance to*Bacillus thuringiensis* toxin CryIF in the diamondback moth (*Plutella xylostella*) [J]. Applied & Environmental Microbiology, 60 (12): 4 627-4 629.

Tabashnik B E, Gassmann A J, Crowder D W, *et al.* 2008. Insect resistance to *Bt* crops: Evidence versus theory [J]. Nature Biotechnology, 26 (2): 199-202.

Tabashnik B E, Zhang M, Fabrick J A, *et al.* 2015. Dual mode of action of *Bt* proteins: Protoxin efficacy against resistant insects [J]. Scientific Reports, 5: 15 107.

Tabashnik Bruce E., Van Rensburg J. B. J., and Carrière Yves. 2009. Field-evolved insect resistance to *Bt* crops: Definition, theory, and data [J]. Journal of Economic Entomology, 102 (6): 2 011-2 025.

Tabashnik Bruce E., Wu Kongming, and Wu Yidong. 2012. Early detection of field-evolved resistance to *Bt* cotton in China: Cotton bollworm and pink bollworm [J]. Journal of Invertebrate Pathology, 110 (3): 301-306.

Tapp H, Calamai L, Stotzky G. 1994, Absorption and binding of the insecticidal proteins of *Bacillus thuringiensis* subsp. kurstaki and subsp. tenebrionds on clay minerals. Soil Biology & Biochemistry, 26 (6): 663-679.

Tapp H, Stotzky G . 1995. Dot blot enzyme-linked immunosorbent assay for monitoring the fate of insecticidal toxins from Bacillus thuringiensis in soil. [J]. Applied and Environmental Microbiology, 61 (2): 602-609.

Tapp H, Stotzky G. 1995. Insecticidal activity of the toxins from *Bacillus thuringiensis* subsp. kurstaki and tenebrionis adsorbed and bound on pure and soil clays [J]. Applied and Environmental Microbiology, 61 (5): 1 786-1 790.

Tapp H, Stotzky G. 1998. Persistence of the insecticidal toxin from *Bacillus thuringiensis* subsp kurstaki in soil. Soil Biol Biochem [J]. Soil Biology & Biochemistry, 30 (4): 471-476.

Trevors J T, Kuikrnan P, Watson B. 1994. Transgenic plants and biogeochemical cycles. Molecular Ecology, 3 (1): 57-64.

Veterans, L. 1992. Ecology of Infochemical Use By Natural Enemies In A Tritrophic Context [J]. Annual Review of Entomology, 37 (1): 141-172.

Wan Peng, Huang Yunxin, Tabashnik Bruce E., *et al.* 2012a. The halo effect: Suppression of pink bollworm on non-bt cotton by bt cotton in China [J]. PLOS ONE, 7 (7): e42004.

Wan Peng, Huang Yunxin, Wu Huaiheng, *et al.* 2012b. Increased frequency of pink bollworm resistance to *Bt* toxin Cry1Ac in China [J]. Plos one, 7 (1): e29975.

Wan Peng, Xu Dong, Cong Shengbo, *et al.* 2017. Hybridizing transgenic *Bt* cotton with non-Bt cotton counters resistance in pink bollworm [J]. Proceedings of the National Academy of Sciences, 114 (21): 5 413-5 418.

Wan Peng, Zhang Yongjun, Wu Kongming, *et al.* 2005. Seasonal expression profiles of insecticidal protein and control efficacy against *Helicoverpa armigera* for *Bt* cotton in the Yangtze River valley of China [J]. Journal of Economic Entomology, 98 (1): 195-201.

Wan P., Wu K., Huang M., *et al.* 2004. Seasonal pattern of infestation by pink bollworm *Pectinophora gossypiella* (Saunders) in field plots of *Bt* transgenic cotton in the Yangtze River valley of China [J]. Crop Protection, 23 (5): 463-467.

Wang De-Ping. 2007. Current status and future strategies for development of transgenic plants in China [J]. Journal of Integrative Plant Biology, 49 (9): 1 281-1 283.

Wang Huidong, Shi Yu, Wang Lu, *et al.* 2018. CYP6AE gene cluster knockout in *Helicoverpa armigera* reveals role in detoxification of phytochemicals and insecticides [J]. Nature Communications, 9 (1): 4 820.

Wang Ling, Ma Yuemin, Wan Peng, *et al.* 2018. Resistance to *Bacillus thuringiensis* linked with a cadherin transmembrane mutation affecting cellular trafficking in pink bollworm from China [J]. Insect Biochemistry and Molecular Biology, 94: 28-35.

Wei W., Schuler T. H., Clark S. J., *et al.* 2008. Movement of transgenic plant-expressed *Bt* Cry1Ac proteins through high trophic levels [J]. Journal of Applied Entomology, 132 (1): 1-11.

Wilson D F, Flint H M, Deaton R W, *et al*. 1992. Resistance ofcotton lines containing a *Bacillus thuringiensis* toxin to pink bollworm (Lepidoptera: Gelechiidae) and other insects [J]. Journal of Economic Entomology, 85 (4): 1 516-1 521.

Wu Kong-Ming, Lu Yan-Hui, Feng Hong-Qiang, *et al*. 2008. Suppression of cotton bollworm in multiple crops in China in areas with *Bt* toxin-containing cotton [J]. Science, 321 (5896): 1 676-1 678.

Wu Kongming, Guo Yuyuan, and Gao Shansong. 2002b. Evaluation of the natural refuge function for *Helicoverpa armigera* (Lepidoptera: Noctuidae) within *Bacillus thuringiensis* transgenic cotton growing areas in north China [J]. Journal of Economic Entomology, 95 (4): 832-837.

Wu Kongming, Guo Yuyuan, and Head Graham. 2006. Resistance monitoring of *Helicoverpa armigera* (Lepidoptera: Noctuidae) to *Bt* insecticidal protein during 2001-2004 in China [J]. Journal of Economic Entomology, 99 (3): 893-898.

Wu Kongming, Guo Yuyuan, Lv Nan, *et al*. 2002a. Resistance monitoring of *Helicoverpaarmigera* (Lepidoptera: Noctuidae) to *Bacillus thuringiensis* insecticidal protein in China [J]. Journal of Economic Entomology, 95 (4): 826-831.

Wu Kongming, Guo Yuyuan, Lv Nan, *et al*. 2003. Efficacy of transgenic cotton containing a Cry1Ac gene from *Bacillus thuringiensis* against *Helicoverpa armigera* (Lepidoptera: Noctuidae) in northern China [J]. Journal of Economic Entomology, 96 (4): 1 322-1 328.

Wu Kongming. 2010. No refuge for insect pests [J]. Nature Biotechnology, 28: 1273.

Wu K. M. and Guo Y. Y. 2005. The evolution of cotton pest management practices in China [J]. Annual Review of Entomology, 50 (1): 31-52.

Xiao Yutao, Dai Qing, Hu Ruqin, *et al*. 2017. A single point mutation resulting in cadherin mislocalization underpins resistance against *Bacillus thuringiensis* toxin in cotton bollworm [J]. Journal of Biological Chemistry, 292 (7): 2 933-2 943.

Xiao Yutao, Liu Kaiyu, Zhang Dandan, *et al*. 2016. Resistance to *Bacillus thuringiensis* mediated by an ABC transporter mutation increases susceptibility to toxins from other bacteria in an invasive insect [J]. PLoS Pathogens, 12 (2): e1005450.

Xiao Yutao, Zhang Tao, Liu Chenxi, *et al*. 2014. Mis-splicing of the ABCC2 gene linked with *Bt* toxin resistance in *Helicoverpa armigera* [J]. Scientific Reports, 4: 6 184.

Xu Xinjun, Yu Liangying, and Wu Yidong. 2005. Disruption of a cadherin gene associated with resistance to Cry1Ac δ-endotoxin of *Bacillus thuringiensis* in *Helicoverpa armigera* [J]. Applied and Environmental Microbiology, 71 (2): 948-954.

Yang Yajun, Chen Haiyan, Wu Yidong, *et al*. 2007. Mutated cadherin alleles from a field population of *Helicoverpa armigera* confer resistance to *Bacillus thuringiensis* toxin *Cry1Ac* [J]. Applied and Environmental Microbiology, 73 (21): 6 939-6 944.

Zhang Dandan, Xiao Yutao, Chen Wenbo, *et al.* 2018. Field monitoring of *Helicoverpa armigera* (*Lepidoptera*: *Noctuidae*) *Cry*1Ac insecticidal protein resistance in China (2005-2017) [J]. Pest Management Science, https: //doi. org/10. 1002/ps. 5 175.

Zhang Gui-Fen, Wan Fang-Hao, Liu Wan-Xue, *et al.* 2006. Early instar response to plant-delivered *Bt*-toxin in a herbivore (*Spodoptera litura*) and a predator (*Propylaea japonica*) [J]. Crop Protection, 25 (6): 527-533.

Zhang Haonan, Tang Mingyi, Yang Fan, *et al.* 2013. DNA-based screening for an intracellular cadherin mutation conferring non-recessive *Cry1Ac* resistance in field populations of *Helicoverpa armigera* [J]. Pesticide Biochemistry and Physiology, 107 (1): 148-152.

Zhang Haonan, Tian Wen, Zhao Jing, *et al.* 2012. Diverse genetic basis of field-evolved resistance to *Bt* cotton in cotton bollworm from China [J]. Proceedings of the National Academy of Sciences, 109 (26): 10 275-10 280.

Zhang Haonan, Yin Wei, Zhao Jing, *et al.* 2011. Early warning of cotton bollworm resistance associated with intensive planting of *Bt* cotton in China [J]. Plos one, 6 (8): e22874.

Zhang Wei, Lu Yanhui, Van Der Werf Wopke, *et al.* 2018. Multidecadal, county-level analysis of the effects of land use, *Bt* cotton, and weather on cotton pests in China [J]. Proceedings of the National Academy of Sciences, 115 (33): E7700-E7709.

Zhao Yao, Zhang Shuai, Luo Jun-Yu, *et al.* 2016. *Bt* proteins *Cry1Ah* and *Cry2Ab* do not affect cotton aphid *Aphis gossypii* and ladybeetle *Propylea japonica* [J]. Scientific Reports, 6: 20 368.

Zhu S. R., Su J. W., Liu X. H., *et al.* 2006. Development and reproduction of *Propylaea japonica* (Coleoptera: Coccinellidae) raised on *Aphis gossypii* (Homoptera: Aphididae) fed transgenic cotton [J]. Zoological Studies, 45 (1): 98-103.

Zwahlen C W, Nemtwig F B, Bigler F, *et al.* 2000. Tritrophic interactions of transgenic *Bacillus thuringiensis* corn, *Anaphothrips obscures* (Thysanoptera: Thripidae), and the predator *Orius rnajusculus* (Heteroptera Anthocoridae) [J]. Environ. Ep. tomol, 29 (4): 846-850.